国家中职示范校数控专业课程系列教材

# 零件普通车床加工

LINGJIAN PUTONG CHECHUANG JIAGONG

林庆新　主编

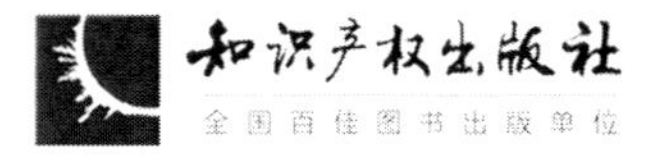

**图书在版编目（CIP）数据**

零件普通车床加工/林庆新主编.—北京：知识产权出版社，2015. 11

国家中职示范校数控专业课程系列教材/杨常红主编

ISBN 978-7-5130-3790-7

Ⅰ. ①零… Ⅱ. ①林… Ⅲ. ①车削－中等专业学校－教材 Ⅳ. ①TG510.6

中国版本图书馆 CIP 数据核字(2015) 第 220983 号

**内容提要**

本书是为了适应国家中职示范校建设的需要，为开展数控加工专业领域高素质、技能型人才培养培训而编写的新型校本教材。本书共 11 个个任务，包括 CA6140 型车床的基本操作，车刀的刃磨，车外圆柱面，车槽与切断，车简单轴类工件综合技能训练，钻、车、铰圆柱孔，车圆锥，车三角形螺纹及梯形螺纹，车成形面和表面修饰，车偏心工件，综合训练及考试。其中理论部分采取“够用原则”，选择经典的理论；实训任务图纸是现实当中学生实习图样。通过课题的设置和栏目的设计突出教学的互动性，启发学生自主学习。此外，本书还设置了任务评价与分析，注重学生综合素质培养、知识面拓展和能力强化，成为贯穿学生整个学习过程的学习指导材料。

本书可作为高技能人才培训基地、高职高专、技工院校数控加工专业、机械制造与控制专业、模具设计与制造专业、机械加工技术专业、机电一体化专业及相关专业教学实训用书，也可以作为机械制造企业和相关工程技术人员的培训教材。

**责任编辑**：张　珑

国家中职示范校数控专业课程系列教材

零件普通车床加工

林庆新　主编

出版发行：知识产权出版社有限责任公司　　网　　址：http://www.ipph.cn

http://www.laichushu.com

电　　话：010-82004826

社　　址：北京市海淀区西外太平庄 55 号　　邮　　编：100081

责编电话：010-82000860 转 8574　　责编邮箱：riantjade@sina.com

发行电话：010-82000860 转 8101/8029　　发行传真：010-82000893/82003279

印　　刷：北京中献拓方科技发展有限公司　　经　　销：各大网上书店、新华书店及相关专业书店

开　　本：787mm×1092mm　1/16　　印　　张：11

版　　次：2015 年 11 月第 1 版　　印　　次：2015 年 11 月第 1 次印刷

字　　数：268 千字　　定　　价：30.00 元

**ISBN 978-7-5130-3790-7**

## 本书编委会

主　　编　林庆新

副 主 编　张志健　高　林　石红戈　逄海峰

编　　者

学校人员　张志健　林庆新　石红戈　高　林　王丽丽

逄海峰　宋银涛　李芳勇　苗　力　贲　腾

曹季平

企业人员　王顺胜　杜克忠　张军凯

# 前　言

2013年4月，牡丹江市高级技工学校被三部委确定为“国家中等职业教育改革发展示范校”创建单位。为扎实推进示范校项目建设，切实深化教学模式改革，实现教学内容的创新，使学校的职业教育更好地适应本地经济特色，学校广泛开展行业、企业调研，反复论证本地相关企业的技能岗位的典型任务与技能需求，在专业建设指导委员会的指导与配合下，科学设置课程体系，积极组织广大专业教师与合作企业的技术骨干研发和编写具有我市特色的校本教材。

示范校项目建设期间，我校的校本教材研发工作取得了丰硕成果。2014年8月，《汽车营销》教材在中国劳动社会保障出版社出版发行。2014年12月，学校对校本教材严格审核，评选出《零件数控车床加工》《模拟电子技术》《中式烹调工艺》等20册能体现本校特色的校本教材。这套系列教材以学校和区域经济作为本位和阵地，在学生学习需求和区域经济发展分析的基础上，由学校与合作企业联合开发和编制。教材本着“行动导向、任务引领、学做结合、理实一体”的原则编写，以职业能力为核心，有针对性地传授专业知识和训练操作技能，符合新课程理念，对学生全面成长和区域经济发展也会产生积极的作用。

各册教材的学习内容分别划分为若干个单元项目，再分为若干个学习任务，每个学习任务包括任务描述及相关知识、操作步骤和方法、思考与训练等，适合各类学生学用结合、学以致用的学习模式和特点，适合于各类中职学校使用。

《零件普通车床加工》共11个任务，主要内容有：CA6140型车床的基本操作，车刀的刃磨，车外圆柱面，车槽与切断，车简单轴类工件综合技能训练，钻、车、铰圆柱孔，车圆锥，车三角形螺纹及梯形螺纹，车成形面和表面修饰，车偏心工件，综合训练及考试。

本书在北京数码大方科技有限公司王昌智、北方双佳石油钻采器具有限公司王顺胜策划指导下，由本校机械工程系骨干教师与北方双佳石油钻采器具有限公司技术部杜克忠、永泰和机床设备有限公司张军凯等企业技术人员合作完成。限于时间与水平，书中不足之处在所难免，恳请广大教师和学生批评指正，希望读者和专家给予帮助指导！

牡丹江市高级技工学校校本教材编委会

2015 年 3 月

# 目　　录

# 绪　　论

## 一、车削在机械制造业中的地位

机器是由很多不同的零件装配而成的，零件的加工制造一般离不开金属切削加工，车削是最重要的金属切削加工方法之一。

车削就是指在车床上利用工件的旋转运动和刀具的直线运动（或曲线运动）来改变毛坯的形状和尺寸，将毛坯加工成符合图样要求的工件。通常情况下，在机械制造企业中，车床占机床总数的30％～50％。车削加工在机械制造业中占有重要地位。

车床主要用于加工各种回转表面，在机械零件中，回转表面的加工占有很大比例，如内外圆柱面、内外圆锥面及回转成形面等。所以车床在机械制造中应用极其广泛。

## 二、车削的基本内容

车削的加工范围很广，基本内容包括：车端面、车外圆、车圆锥、切断和车槽、车孔、钻中心孔、钻孔、铰孔、车螺纹、车成形面和滚花等（图0－1）。

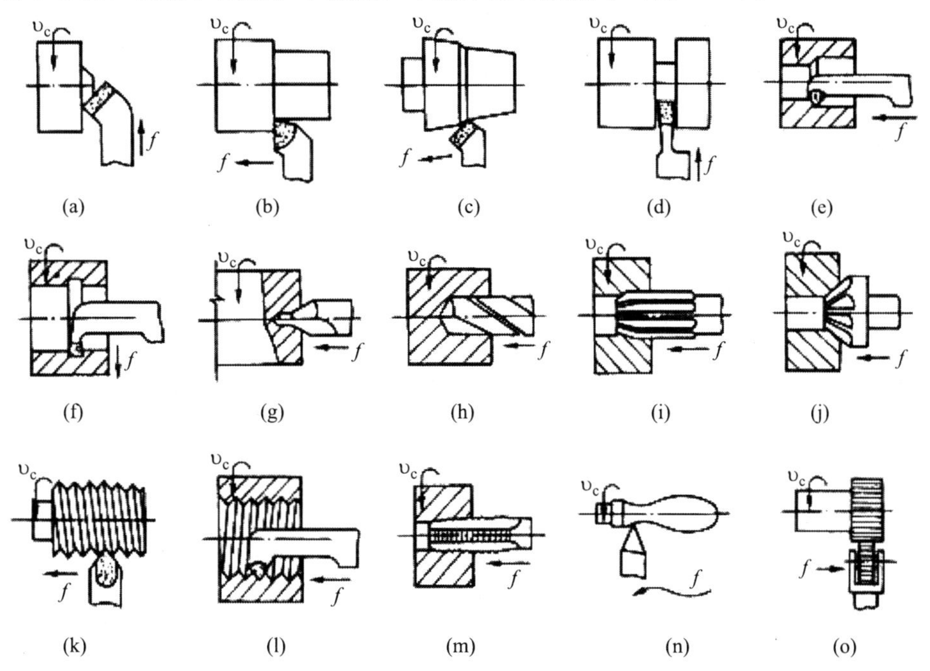


**图0－1　车削的基本内容**

(a) 车端面；(b) 车外圆；(c) 车圆锥；(d) 切断和车槽；(e) 车孔；(f) 车内沟槽；(g) 钻中心孔；(h) 钻孔；(i) 铰孔；(j) 车内圆锥；(k) 车外螺纹；(l) 车内螺纹；(m) 车螺纹；(n) 车成形面；(o) 滚花

## 三、车工一体化教学的任务

本课程的任务是使学生获得中级车工应具备的专业理论知识和操作技能，具体要求如下。

（1）了解卧式车床的结构、性能和传动系统，具备对卧式车床的使用、调整、保养和排除一般故障的技能。

（2）具备合理地选择并刃磨常用刀具的技能。

（3）具有独立制定中等复杂工件的车削工艺，并根据实际情况采用先进工艺的能力。

（4）具有查阅相关技术资料、进行与车削有关的计算以及合理地选择切削用量的能力。

（5）能对工件进行质量分析，并提出预防质量问题的措施。

（6）正确使用工、夹、量具、刀具；具有安全生产知识和文明生产的习惯；养成良好的职业道德及素养。

## 四、本课程的特点及学习方法

（1）本课程是一门理论性和实践性都很强的学科，它与生产实际紧密相连。因此，在学习过程中要特别重视车削技能的训练，加深对理论知识的理解，还要将学到的工艺理论知识应用到实践中去，以专业理论知识指导技能训练。

（2）本课程所涉及的知识面较广，学习时要善于综合运用相关的课程，如《金属材料与热处理》《极限配合及技术测量》《机械制图》《机械基础》等。

（3）本课程采取理论教授，教师示范指导，学生观察、模仿、反复练习，师生通过共同实施课题项目工作的方式进行教学活动（本教材以CA6140型卧式车床为典型机床举例）。

（4）通过训练能“真刀真枪”地练出本领，最好能创造出一定的经济效益。

（5）通过科学化、系统化和规范化的基本训练，让学生全面地进行基本功的训练。

（6）生产实习教学是结合生产实际的进行的，所以在整个实训过程中，要教育学生树立安全操作和文明生产的思想。

# 任务一　CA6140 型车床的基本操作

**学习目标**

1. 能按照车间安全防护规定穿戴劳保用品，执行安全操作规程，牢固树立正确的安全文明操作意识。
2. 能通过教师讲解，查阅 CA6140 型车床使用手册、教科书等，了解机床主要特性。
3. 能描述 CA6140 型车床的组成、结构、功能，指出各部件的名称和作用。
4. 能明确 CA6140 型车床的主要技术参数。
5. 掌握车床各操作手柄的使用方法和作用。
6. 初步掌握普通车床的传动路线。
7. 熟悉掌握三爪卡盘结构及使用。
8. 能按车床的安全操作规程操作机床，并做好日常维护保养。
9. 能主动学习，善于总结与反思。
10. 能与他人合作，进行有效的沟通，有团队合作的精神。

## 1.1　文明生产和安全操作技术

**学习目标**

1. 操作伊始，牢记安全生产注意事项、安全操作规程要点。
2. 自觉养成安全、文明生产的习惯。
3. 独立完成启动车床前和结束操作前应做的工作。

### 1.1.1　文明生产和安全操作技术

坚持安全、文明生产是企业经营管理的重要内容之一，它直接影响到人身安全、产品质量和经济效益，影响机床设备和工具、夹具、量具的使用寿命及操作者的技术水平的发挥。所以作为技师学院的学生，从一开始学习基本操作技能时，就要重视培养安全文明生产的良好习惯，以利于以后到企业后顺利对接。因此，要求操作者在操作时必须做到以下方面。

1. 安全生产注意事项

(1) 穿工作服，带套袖。女同志应戴工作帽，头发或辫子应塞入工作帽内。

(2) 禁止穿背心、裙子、短裤以及戴围巾、穿拖鞋或高跟鞋进行操作训练。

(3) 戴防护眼镜，注意头部与工件不要靠得太近。

(4) 注意防火和安全用电。

2. 车削安全操作规程要点

(1) 开车前，应检查车床各部分机构是否完好，各传动手柄、变速手柄位置是否正确，防止开车后损坏机床，启动后，应使主轴低速空转1～2分钟，使润滑油散布到各润滑部位（冬天尤为重要），一切运转正常才能工作。

(2) 装卸工件、更换刀具、测量工件尺寸及变速时，必须先停车。变换进给箱手柄位置须在低速时进行。

(3) 工件和车刀必须装夹牢固，以防飞出伤人。工件装夹好后，卡盘扳手必须随即从卡盘上取下。

(4) 不准戴手套操作车床，应使用专用铁钩清除切屑，严禁用手直接清除。

(5) 车床运转时，不准用手抚摸工件表面，严禁用棉纱擦抹回转中的工件。

(6) 棒料毛坯从主轴孔尾端伸出不能太长，并应使用料架或挡板，防止甩弯后伤人。

(7) 操作车床时，必须集中精力，注意手、身体和衣服不要靠近回转中的机件（如工件、皮带轮、齿轮、丝杠等）。严禁离开岗位，不准做与操作内容无关的其他事情。

(8) 操作中若出现异常现象，应及时停车检查；出现故障、事故应立即切断电源，及时申报，由专业人员检修，未修复不得使用。

3. 文明生产要求

(1) 爱护刀具、量具、工具、并正确使用，放置稳妥、整齐、合理，存放在固定位置，便于操作时取用，用后放回原处。

(2) 爱护机床和车间设备、设施。车床主轴箱盖上不应放置任何物品。

(3) 严禁在卡盘及床身导轨上敲击或校直工件，床面上不准放置工具或工件。

(4) 装夹较重的工件时，应用木板保护床面。下班时若工件不卸下，应用千斤顶支撑。

(5) 车刀磨损后，应及时刃磨，以免增加车床负荷，损坏车床，影响工件质量和生产效率。

(6) 车削铸铁或气割下料的工件，应擦去车床导轨面上的润滑油，铸件上的型砂、杂质应尽可能去除干净，以免磨损床身导轨面。

(7) 使用切削液时，车床导轨面上应涂润滑油。切削液应定期更换。

(8) 毛坯、半成品和成品应分开放置。半成品和成品应堆放整齐，轻拿轻放，防止碰伤已加工表面。

(9) 图样、工艺卡片应放在便于阅读的位置，并注意保持清洁和完整。

(10) 工具箱内应分类摆放物件。重物放在下层，轻物放上层，精密的物件应放置稳妥，不要随意乱放，以免损坏和丢失。

（11）量具应经常保持清洁，用后应擦净、涂油、放入盒内。所使用的量具必须定期校验，以保证其度量准确。

（12）工作地周围应保持清洁整齐，避免堆放杂物，防止绊倒。

（13）工作结束后应认真擦拭机床、工具、量具和其他附件，使各物件归位。车床按规定加注润滑油，将床鞍摇至床尾一端，各手柄放置到空挡位置。清扫工作地，关闭电源。

### 1.1.2　现场参观

（1）参观历届同学的实习工件和生产产品。

（2）参观实习车间或工厂的设施。

### 1.1.3　讨论

（1）对车工工作的认识和想法。

（2）遵守实习工厂的规章制度的重要意义。

（3）注意文明生产和遵守安全操作规程的重要意义。

## 1.2　认识 CA6140 型车床

**学习目标**

1. 了解车 CA6140 型车床型号、规格、主要部件的名称和作用。
2. 初步了解 CA6140 型车床各部分传动系统。
3. 熟练掌握床鞍（大拖板）、中滑板（中拖板）、小滑板（小拖板）的进退方向。
4. 根据需要，按 CA6140 型车床铭牌对各手柄位置进行调整。
5. 掌握车床维护、保养及文明生产和安全技术的知识。

### 1.2.1　CA6140 卧式车床的主要结构及作用

生产中应用最多的是卧式车床，典型型号是 CA6140 型卧式车床（图 1－1）。它适用于单件、小批量的轴类、盘类工件的加工，是学习的重点。

1. 车床型号

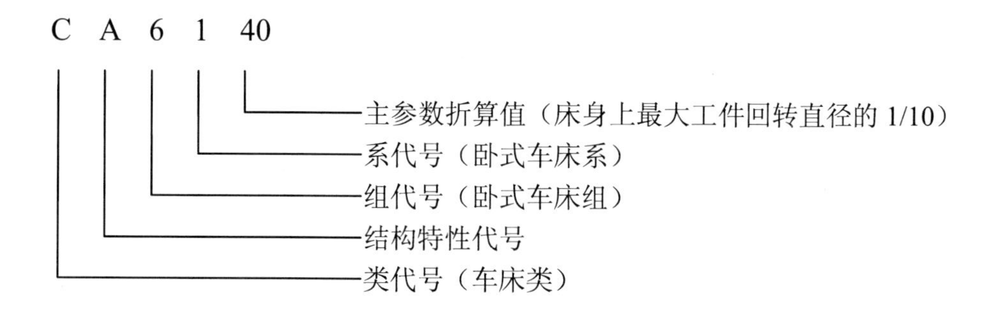

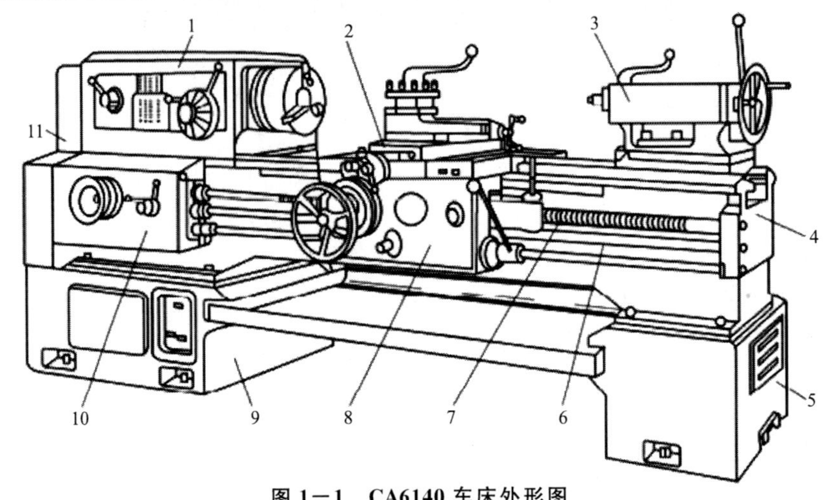


图 1－1　CA6140 车床外形图

1－主轴箱；2－刀架；3－尾座；4－床身；5、9－床腿；
6－光杠；7－丝杠；8－溜板箱；10－进给箱；11－挂轮箱

2. CA6140 型卧式车床的主要结构和用途

（1）床身：是车床的大型基础部件，精度要求很高，用来支撑和连接车床的各个部件。床身上有两条精确的导轨（山形和平导轨），床鞍和尾座可沿着导轨移动。

（2）主轴箱：支撑主轴并带动工件作回转运动。箱内装有齿轮、轴、轴承等零件，组成变速传动机构，变换箱外手柄位置，可使主轴得到多种不同转速。

（3）交换齿轮箱：又称挂轮箱，将主轴箱的回转运动传递到进给箱。更换箱内齿轮，配合进给箱变速机构，可以车削各种导程的螺纹（或蜗杆）；并可以满足车削时对纵、横向不同进给量的需求。

（4）进给箱：又称变速箱，是进给传动系统的变速机构。它把交换齿轮箱传递来的运动，经过变速后传递给丝杠或光杠。

（5）溜板箱：接受光杠或丝杠传递来的运动，操纵箱外手柄及按钮，通过快移机构驱动刀架部分以实现车刀的纵向或横向运动、快速移动等运动方式。

（6）刀架部分：由床鞍、中滑板、小滑板和刀架等组成，用于装夹车刀并带动车刀作纵向运动、横向运动、斜向运动和曲线运动。

（7）尾座：尾座安装在床身导轨上，沿此导轨纵向移动，以调整工作位置。尾座主要用来安装后顶尖，以支顶较长工件；也可装夹钻头或铰刀等进行孔的加工。

（8）床脚：用以支撑床身及安装床身上的各个部件。可以通过调整垫块把床身调整到水平状态，并用地脚螺栓固定。

（9）冷却装置：通过冷却泵将切削液喷到切削区域。

小结：卧式车床的主要组成部分的名称和用途介绍完毕，重点掌握“四箱”（主轴箱、挂轮箱、进给箱和溜板箱）。

3. 卧式车床的传动路线

如图 1－2 所示，电动机驱动 V 带轮，把运动输入到主轴箱。通过变速机构变速，使主轴得到不同的转速，再经卡盘（或夹具）带动工件旋转。此外，主轴把旋转运动输入交换齿轮箱，再通过进给箱变速后由光杠或丝杠驱动溜板箱，带动床鞍、刀架沿导轨作直线运动，从而控制车刀的运动轨迹，完成车削各种表面的工作。这种传动过程称为车床的传动系统。

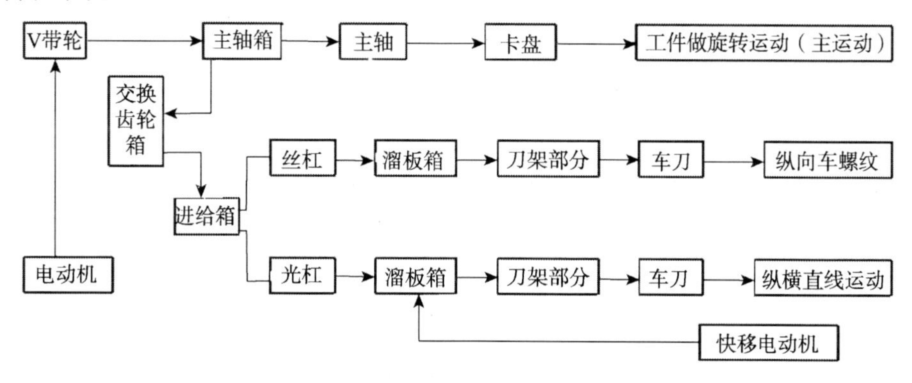


图 1—2　CA6140 型车床传动系统

### 1.2.2　车削运动

车削时，为了切除多余的金属，必须使工件和车刀产生相对的车削运动。按运动的作用不同，车削运动可分为主运动和进给运动两种。

(1) 主运动：机床的主要运动，它消耗机床的主要动力。车削时工件的旋转运动是主运动。

(2) 进给运动：使工件的多余材料不断被去除的切削运动，如车外圆时的纵向进给、车端面时的横向进给等。

在车削运动中，工件上会形成已加工表面、过渡表面和待加工表面，如图 1—3 所示。

(1) 已加工表面：工件上经车刀车削后产生的新表面。

(2) 过渡表面：工件上由切削刃正在切削的那部分表面。

(3) 待加工表面：工件上有待切除的表面。

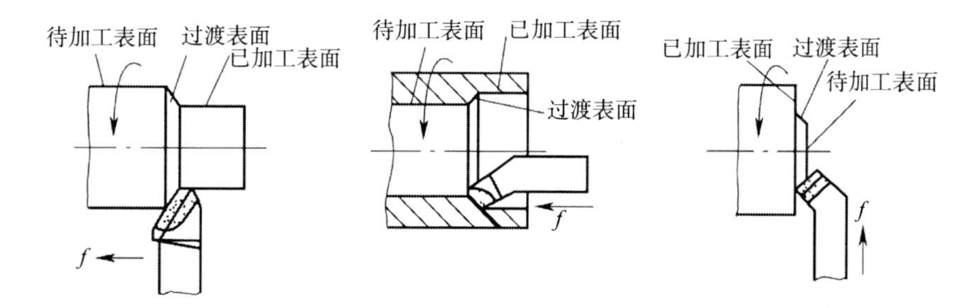


图 1—3　车削时工件上形成的三个表面

完成表 1—1，并回答问题。

表 1—1　CA6140 型卧式车床的主要技术参数

| 主要技术参数 | 主要技术参数值 |
| --- | --- |
| 床身上工件最大回转半径 $D$ | |
| 中心高 $H$ | |
| 最大工件长度 | |
| 最大切削长度 | |
| 小滑板最大车削长度 | |
| 主轴内孔直径 | |
| 主轴转速（正、反转） | |
| 进给量［纵向（64 级）］ | |
| 进给量［横向（64 级）］ | |
| 溜板及刀架纵向快移速度 | |
| 主电动机功率 | |
| 溜板快移电动机功率 | |
| 机床轮廓尺寸 | |
| 加工精度 | |

（1）CA6140 型卧式车床的主要结构和用途有哪些？

（2）简述车削运动。

## 1.3　CA6140 型卧式车床的基本操作

**学习目标**

1. 学会 CA6140 型卧式车床通电操作。
2. 看懂主轴变速盘，并学会主轴变速。
3. 能较熟练操纵主轴操纵杆，会进行主轴启动、停止、变向、变速控制。
4. 熟练掌握床鞍（大拖板）、中滑板（中拖板）、小滑板（小拖板）的进退方向。
5. 看懂进给速度铭牌，并学会进给变速和能较均匀地进行手动、机动进给移动。

### 1.3.1　操作步骤和要求

1. 车床启动操作

(1) 启动前检查车床各变速手柄是否处于空档位置，离合器是否处于正确位置，操纵杆是否处于停止状态，确认无误后，合上车床电源总开关。

(2) 按下床鞍上的绿色启动按扭，电动机启动，如图 1—4 所示。

(3) 向上提起主轴正、反转操纵杆手柄，主轴正转；操纵杆手柄回到中间位置，主轴停止转动；操纵杆向下压，主轴反转。

(4) 主轴正反转的转换要在主轴停止转动后进行，避免因连续转换操作使瞬间电流过大而发生电器故障。

(5) 按下床鞍上的红色停止按钮，电动机停止工作。

图 1—4　床鞍上的操作按钮

2. 主轴箱的变速操作

通过改变主轴箱正面右侧的两个叠套手柄的位置来控制。前面的手柄有 6 个挡位，每个挡位有 4 级转速，由后面的手柄控制，所以主轴共有 24 级转速，如图 1—5 所示。主轴箱正面左侧的手柄用于使螺纹的左右旋向变换和加大螺距，共有 4 个挡位，即右旋螺纹、左旋螺纹、右旋加大螺距螺纹和左旋加大螺距螺纹。其挡位如图 1—6 所示。

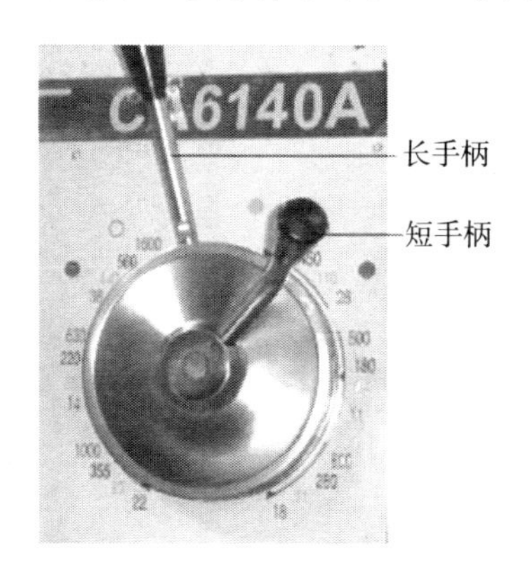

图 1—5　主轴箱变速手柄

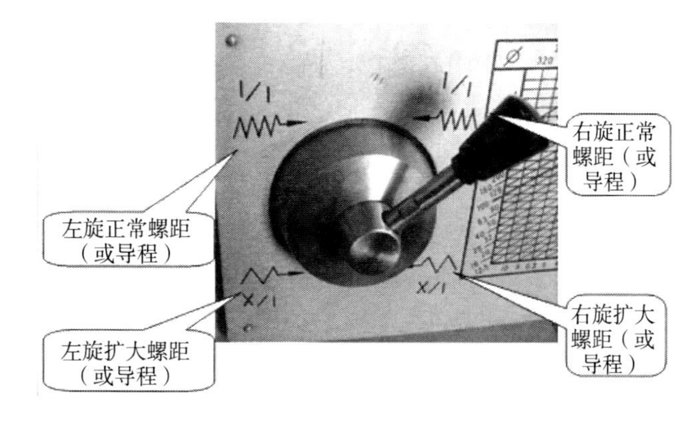

图 1—6　加大螺距及左、右螺纹变换手柄

3. 进给箱的变速操作

C6140 型车床上进给箱正面左侧有一个手轮，手轮有 8 个挡位，如图 1—7 所示；右侧有里外叠装的两个手柄，外手柄有 A、B、C、D 共四个挡位，是螺纹种类及丝杆、光杆变换手柄，里手柄有Ⅰ、Ⅱ、Ⅲ、Ⅳ 4 个挡位，用时与手轮配合，用以调整螺距或进给量（根据加工要求调整所需螺距或进给量时，可通过查找进给箱油池盖上的调配表来确定手轮和手柄的具体位置），其挡位如图 1—8 所示。

图 1－7　圆盘式手轮

图 1－8　螺纹种类及丝杆、光杆变换手柄

4. 溜板箱的操作

溜板部分实现车削时绝大部分的进给运动：床鞍及溜板箱作纵向移动，中滑板作横向移动，小滑板可作纵向或斜向移动（图 1—9）。进给运动有手动进给和机动进给两种方式。

图 1－9　溜板箱及刀架部分

1）溜板部分的手动操作

（1）床鞍及溜板箱的纵向移动由溜板箱正面左侧的大手轮控制。顺时针方向转动手轮时，床鞍向右运动；逆时针方向转动手轮时，向左运动。手轮轴上的刻度盘圆周等分 300 格，手轮每转过 1 格，纵向移动 1mm。

（2）中滑板的横向移动由中滑板手柄控制。顺时针方向转动手柄时，中滑板向前运动（即横向进刀）；逆时针方向转动手轮时，向操作者运动（即横向退刀）。手轮轴上的刻度盘圆周等分 100 格，手轮每转过 1 格，纵向移动 0.05mm。

（3）小滑板在小滑板手柄控制下可作短距离的纵向移动。小滑板手柄顺时针方向转动时，小滑板向左运动；逆时针方向转动手柄时，小滑板向右运动。小滑板手轮轴上的刻度盘圆周等分 100 格，手轮每转过 1 格，纵向或斜向移动 0.05mm。小滑板的分度盘在刀架需斜向进给车削短圆锥体时，可顺时针或逆时针地在 90°范围内偏转所需角度，调整时，先松开锁紧螺母，转动小滑板至所需角度位置后，再锁紧螺母将小滑板固定。

2）溜板部分的机动进给操作

(1) C6140 型车床的纵、横向机动进给和快速移动采用单手柄操纵。自动进给手柄在溜板箱右侧，可沿十字槽纵、横扳动，手柄扳动方向与刀架运动方向一致，操作简单、方便。手柄在十字槽中央位置时，停止进给运动。在自动进给手柄顶部有一快进按钮，按下此钮，电动机快速工作，床鞍或中滑板手柄扳动方向作纵向或横向快速移动，松开按钮，快速电动机停止转动，快速移动中止。

(2) 溜板箱正面右侧有一个开合螺母操作手柄，用于控制溜板箱与丝杆之间的运动联系。车削非螺纹表面时，开合螺母手柄位于上方；车削螺纹时隔不久，顺时针方向扳下开合螺母手柄，使开合螺母闭合并与丝杆啮合，将丝杆的运动传递给溜板箱，使溜板箱、床鞍按预定的螺距作纵向进给。车完螺纹应立即将开合螺母手柄扳回到原位。

5. 尾座操作

如图 1—10 所示。

(1) 手动沿床身导轨纵向移动尾座至合适的位置，逆时针方向扳动尾座固定手柄，将尾座固定。注意移动尾座时不要用力过大。

(2) 逆时针方向移动套筒固定手柄，摇动手轮，使套筒作进、退移动。顺时针方向转动套筒固定手柄，将套筒固定在选定的位置。

(3) 擦净套筒内孔和顶尖锥柄，安装后顶尖；松开套筒固定手柄，摇动手轮使套筒后退出后顶尖。

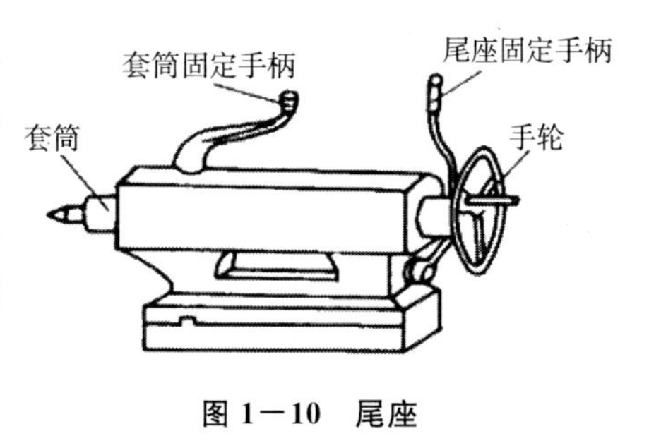


**图 1—10　尾座**

### 1.3.2　技能训练

1. 主轴变速操作练习

(1) 调整主轴转速分别为 16r/mim、450r/mim、1400r/mim，确认后启动车床并观察。每次进行主轴转速调整必须停车。

(2) 选择车削右旋螺纹和车削左旋加大螺距螺纹和手柄位置。

2. 进给箱变速操作练习

(1) 确定选择纵向进给量为 0.46mm/r、横向进给量为 0.20mm/r 时的手轮和手柄位置，并进行调整。

(2) 确定车削螺距分别为 1mm、1.5mm、2mm 的普通螺纹时，进给箱上手轮和手柄位置，并进行调整。

3. 溜板部分手动进给操作练习

(1) 摇动大手轮，使床鞍向左或向右作纵向移动；用左手、右手分别摇动中滑板手柄，作横向进给和退出移动；用双手交替摇动小滑板手柄，作纵向短距离的左、右移动。要求做到操作熟练自如，床鞍、中滑板、小滑板的移动平稳、均匀。

(2) 用左手摇动大手轮，右手同时摇动中滑板手柄，纵、横向快速趋近和快速退出工件。

(3) 利用大手轮刻度盘使床鞍纵向移动 250mm、324mm；利用中滑板手柄刻度盘，使刀架横向进刀 0.5mm、1.25mm。利用小滑板分度盘使小滑板纵向移动 5mm、5.8mm；注意丝杆间隙的消除。

(4) 利用小滑板分度盘扳转角度，使刀架可车削圆锥角 $a=30°$ 的圆满锥体（小端在右端）。

4. 溜板部分机动进给操作练习

(1) 用自动进给手柄作床鞍的纵向进给和中滑板的横向进给的机动进给练习。

(2) 用自动进给手柄和手柄顶部的快进按钮作纵向、横向的快速进给操作。

(3) 操作进给箱上的丝杆、光杆变换手柄，使丝杆回转，将溜板箱向右移动足够远的距离，扳下开合螺母，观察床鞍是否按选定螺距作纵向进给。扳下和抬起开合螺母的操作应坚决果断，练习中体会手的感觉。

(4) 左手操作中滑板手柄，右手操作开合螺母，两手配合动作练习每次车完螺纹时的横向退刀。

操作时要注意，当刀架快速移动至离卡盘或尾座有一定距离时，应立即松开快速按钮，停止快速移动，以避免刀架因来不及停止而撞击卡盘或尾座。

5. 尾座操作练习

安置活顶尖；移动尾座至合适位置；尾座固定；摇手轮；锁紧套筒；套筒松开；卸下顶尖。

6. 卡盘及其卡爪的装卸

卡盘是普通机床的常用附件，用于装夹工件。车床上常用的卡盘有三爪自定心卡盘和四爪单动卡盘两种。

三爪自定心卡盘的 3 个卡爪均匀分布在卡盘的周围，能同步沿径向移动，实现对工件的夹紧或松开，能自动定心，装夹工件时一般不需要找正，使用方便。三爪自定心卡盘的夹紧力较小，适宜装夹中、小型圆柱形、正三边形或正六边形工件。常用的三爪自定心卡盘规格有 150mm、200mm、250mm 等。

四爪单动卡盘的 4 个卡爪沿圆周均布，每个卡爪可单独沿径向移动，装夹工件时，通过调节各卡爪的位置对工件的位置进行校正。四爪单动卡盘的夹紧力较大，但校正工件位置麻烦、费时，适用于单件、小批量生产中装夹非圆形工件。卡盘是车床的常用附件，用于装夹工件，操作者要熟悉卡盘的结构，能对卡爪进行熟练地拆卸、清洗、润滑和安装。

1) 普通机床三爪自定心卡盘的结构

将卡盘扳手的方榫插入小锥齿轮端部的方孔中，转动扳手使小锥齿轮转动，并带动大锥齿轮回转。大锥齿轮的背面上有平面螺纹，与卡爪的端面螺纹相啮合，大锥齿轮回转时，平面螺纹带动与其啮合的 3 个卡爪沿径向同时作向心或离心移动。

2）普通机床三爪自定心卡盘卡爪的装卸

（1）卡爪的识别：三爪自定心卡盘有正、反两副卡爪。正卡爪用于装夹外圆直径较小和内孔直径较大的工件；反卡爪用于装夹外圆直径较大的工件。每副卡爪分别标有 1、2、3 的编号，安装卡爪时必须按顺序装配。

（2）卡爪的安装：将卡盘扳手的方榫插入卡盘壳体圆柱面上的方孔中．按顺时针方向旋转，驱动大锥齿轮回转，当其背面平面螺纹的螺扣转到将要接近 1 槽时，将 1 号卡爪插入壳体的 1 槽内，继续顺时针旋转卡盘扳手，在卡盘壳体的 2 槽、3 槽内依次装入 2 号、3 号卡爪。随着卡盘扳手的继续转动，3 个卡爪同步沿径向向心运动，直至汇聚于卡盘的中心。

（3）卡爪的拆卸：将卡盘扳手逆时针方向旋转，3 个卡爪则同步沿径向离心移动，直至退出卡盘壳体。卡爪退离卡盘壳体时要注意防止卡爪从卡盘壳体跌落受损。

### 1.3.3　安全注意事项

（1）要求每台机床都具有防护设施。

（2）摇动滑板时要集中注意力，做模拟切削运动。

（3）变换车速时，应停车进行。

（4）车床运转操作时，转速要慢，注意防止左右前后碰撞，以免发生事故。

（5）在操纵演示后，让学生逐个轮换练习一次，然后再分散练习，以防机床发生事故。

## 思考与练习

1. 简述 CA6140 车床的操作。

2. 简述主轴箱的变速操作。

3. 简述溜板箱的操作。

## 1.4　CA6140车床的润滑和维护保养

**学习目标**

1. 了解车床的润滑方式。
2. 掌握车床的润滑系统和润滑要求。
3. 懂得车床日常注油部位和注油方式。
4. 知晓车床一级保养的内容。

为了保持车床正常的运转和延长其使用寿命，应注意日常的维护保养，车床的摩擦部分必须进行润滑。

### 1.4.1　车床润滑的几种方式

常用的车床润滑方式有浇油润滑、溅油润滑、油绳导油润滑、弹子油杯注油润滑、黄油（油脂）杯润滑、油泵输油润滑等。看图1—11，说明以下润滑都采用了什么润滑方式？

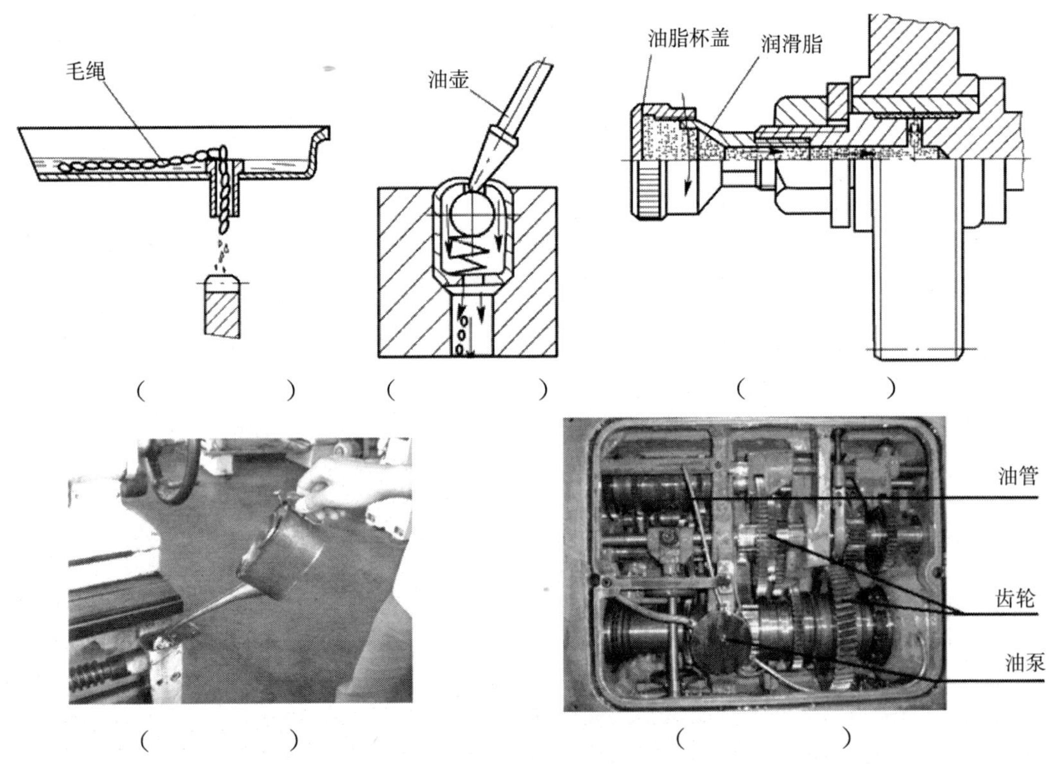


图1—11　润滑的方式

### 1.4.2 车床的润滑系统和润滑要求

车床的润滑系统和润滑要求见图 1－12 和表 1－2。

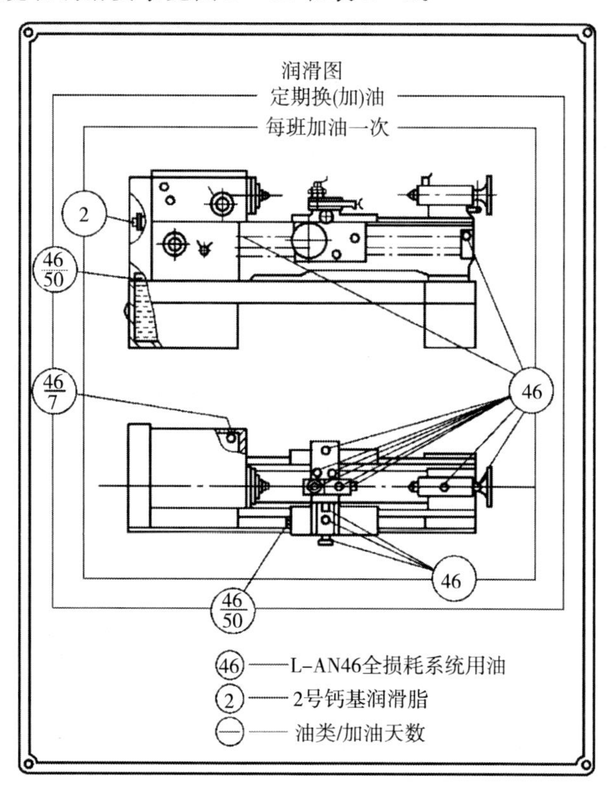


图 1－12　CA6140 型卧式车床的润滑系统标牌

表 1－2　CA6140 型车床润滑系统的润滑要求

| 周期 | 数字 | 意　义 | 符号 | 含义 | 润滑部位 | 数量 |
|---|---|---|---|---|---|---|
| 每班 | 整数形式 | ○中数字表示润滑油牌号，每班加油 1 次 | ② | 用 2 号钙基润滑脂进行脂润滑，每班拧动油杯盖 1 次 | 交换齿轮箱中的中间齿轮轴 | 1 处 |
| | | | ㊻ | 使用牌号为 L－AN46 的润滑油（相当于旧牌号的 30 号机械油），每班加油 1 次 | 多处 | 14 处 |
| 经常性 | 分数形式 | 分子/分母中分子表示润滑油牌号，分母表示两班制工作时换（添）油间隔的天数（每班工作时间为 8h） | 46/7 | 分子“46”表示使用牌号为 L－AN46 的润滑油，分母“7”表示加油间隔为 7 天 | 主轴箱后面的电器箱内的床身立轴套 | 1 处 |
| | | | 46/50 | 分子“46”表示使用牌号为 L－AN46的润滑油，分母“50”表示换油间隔为 50～60 天 | 左床脚内的油箱和溜板箱 | 2 处 |

### 1.4.3 每天对车床进行的润滑工作

1. 操作准备

准备好棉纱、油枪、油壶、油桶、2 号钙基润滑脂（黄油）、L－AN46 全损耗系统用油等，如图 1－13 所示。

图 1－13 加油工具

润滑时，须按照如图 1－14 所示的 CA6140 型车床每天润滑点的分布图，遵照表 1－3的顺序和要求进行。

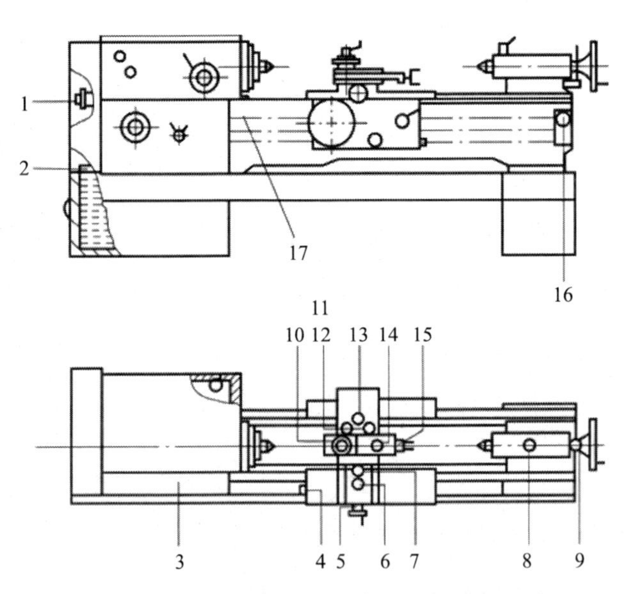


图 1－14 CA6140 型卧式车床每天润滑点的分布图

2. 擦拭、润滑车床的步骤见表 1－3。

**表 1－3　擦式、润滑车床的步骤**

| 步骤 | 图例 |
|---|---|
| 用棉纱擦净小滑板导轨面<br>用棉纱擦净中滑板导轨面 | 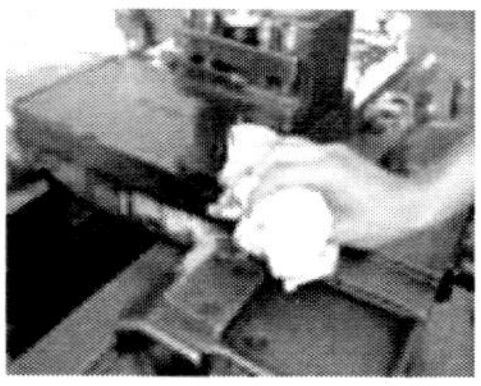 |
| 用棉纱擦净尾座套筒表面 | 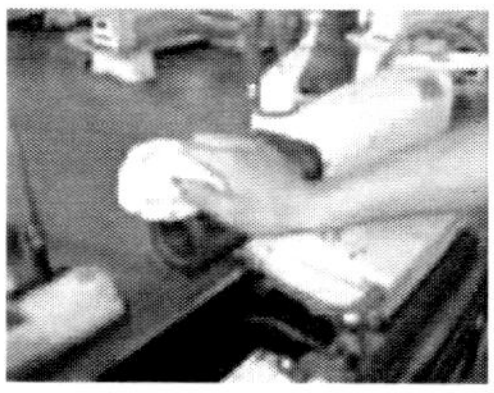 |
| 用棉纱擦净尾座导轨面<br>用棉纱擦净溜板导轨面 | 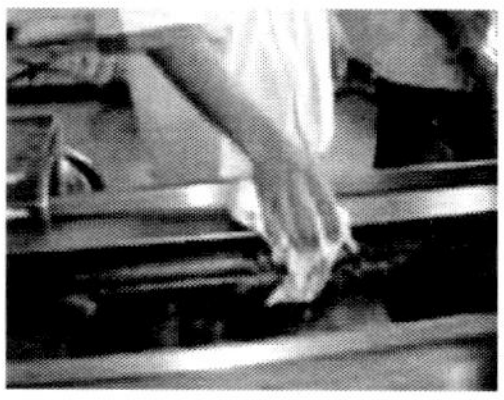 |
| 启动电动机，观察主轴箱油窗内是否有油输出 | 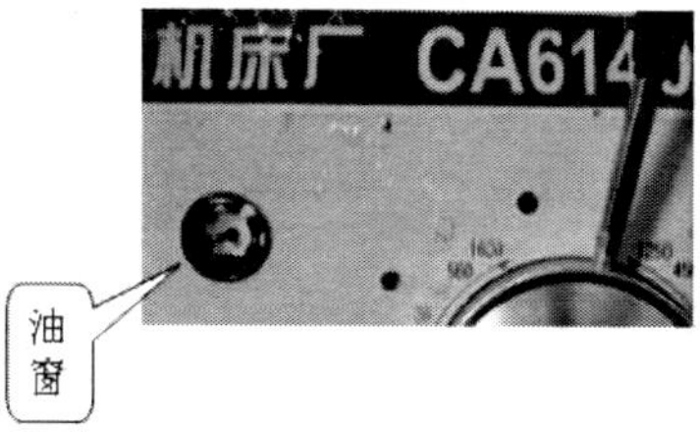 |
| 床身导轨注油 | |
| 小滑板导轨注油<br>中滑板导轨注油 | |
| 刀架、滑板注油 |  |

续表

| 步骤 | 图例 |
| --- | --- |
| 丝杠左端的弹子油杯润滑 |  弹子油杯润滑 |
| 进给箱油绳导油润滑 |  |
| 后托架储油池的注油润滑 | 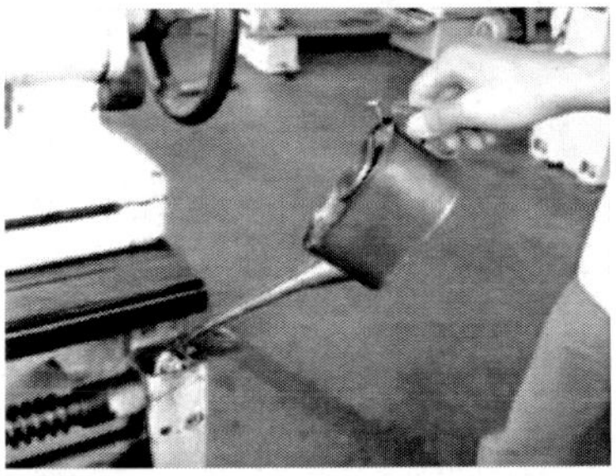 |
| 尾座弹子油杯润滑 |  |

### 1.4.4 完成车床日常保养工作

为了保证车床的加工精度，延长其使用寿命，从而保证加工质量，提高生产率，车工除了能熟练操作机床外，还必须会对车床进行维护与保养。

### 1.4.5 进行车床的一级保养

当机床运行500h后进行一级保养，以操作工人为主，维修工人配合进行。保养时，首先切断电源，然后进行保养工作（表 1—4）。

**表 1—4　车床的一级保养**

| 步骤 | 保养部位 | 保养内容及要求 |
| --- | --- | --- |
| 一 | 外保养 | （1）清洗机床外表面及各罩壳，保持内外清洁，无锈蚀、无黄袍、无油污死角<br>（2）清洗丝杆、光杆、操作杆等外露精密表面，应无毛刺、无锈蚀<br>（3）补齐紧固螺钉、螺母、手球、手柄等机件，保持机床整齐<br>（4）清洗机床附件，做到清洁、整齐、防锈 |
| 二 | 主轴箱 | （1）清洗滤油器，使其无杂物<br>（2）检查主轴并检查锁紧螺母有无松动，紧定螺钉是否拧紧<br>（3）检查调整摩擦片及制动器间隙<br>（4）检查传动齿轮有无错位和松动 |
| 三 | 挂轮箱（进给箱） | （1）清洗齿轮、轴套并注入新油脂<br>（2）调整齿轮啮合间隙<br>（3）检查轴套有无晃动现象 |
| 四 | 刀架<br>溜板箱 | （1）清洗刀架，调整中小拖板镶条间隙<br>（2）清洗、调整中、小滑板丝杆螺母间隙 |
| 五 | 尾座 | 清洗尾座，保持内外清洁 |
| 六 | 冷却润滑系统 | （1）清洗过滤器、冷却泵、冷却槽<br>（2）油路畅通，油孔、油线、油毡清洁无铁屑<br>（3）检查油质，保持良好，油杯齐全，油窗明亮 |
| 七 | 电器部分 | （4）清洗电动机、电器箱<br>（5）检查各电器元件触点，要求性能良好，安全可靠<br>（6）检查、紧固接零装置 |

## 思考与练习

1. 车床的润滑方式有哪些？
2. 懂得车床日常注油部位和注油方式。
3. 知晓车床一级保养的内容。

# 任务二　车刀的刃磨

学习目标

1. 能按照车间安全防护规定穿戴劳保用品，执行安全操作规程，牢固树立正确的安全文明操作意识。
2. 能通过教师讲解，查阅资料、教科书等方式掌握刀具角度知识。
3. 能说明车刀角度参数的含义、表示方法及对切削性能的影响。
4. 能在刀具几何角度示意图中用规范的标识符号表示相应角度，并在实物中判别其位置。
5. 能根据刀具的材料选择合适的砂轮，按照规范的刃磨方法，进行安全的刃磨车刀。
6. 能按车床的安全操作规程操作机床，并做好日常维护保养。
7. 能主动学习，善于总结与反思。
8. 能与他人合作，进行有效的沟通，有团队合作的精神。

## 2.1　认识车刀

**学习目标**

1. 了解常用车刀的种类及用途。
2. 掌握车刀几何要素的名称和主要作用。
3. 掌握车刀切削部分的的几何参数及其主要作用，并能进行选择。
4. 明确车刀部分角度正、负值的规定。
5. 识别车刀几何角度的标注。

### 2.1.1　车刀的种类与用途

车削时，需根据不同的车削要求选用不同种类的车刀。常用车刀的种类及用途见表2—1。

表 2—1　常用车刀的种类及用途

| 车刀种类 | 车刀外形 | 用途 | 车削示意图 |
| --- | --- | --- | --- |
| 90°车刀（偏刀） | 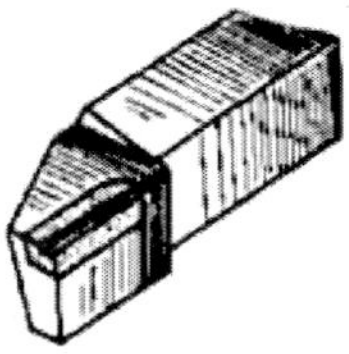  | 车削工件的外圆、台阶和端面 | 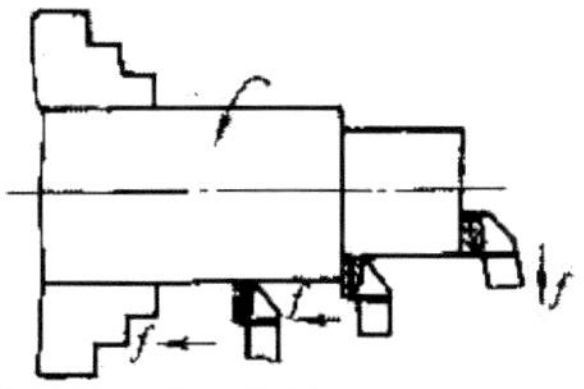  |
| 75°车刀 | 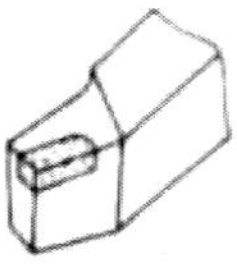  | 车削工件的外圆和端面 | 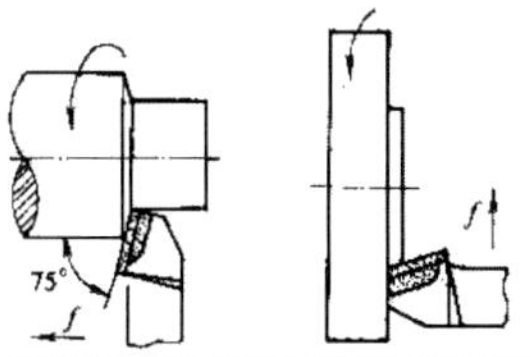  |
| 45°车刀（弯头车刀） |   | 车削工件的外圆、端面和倒角 | 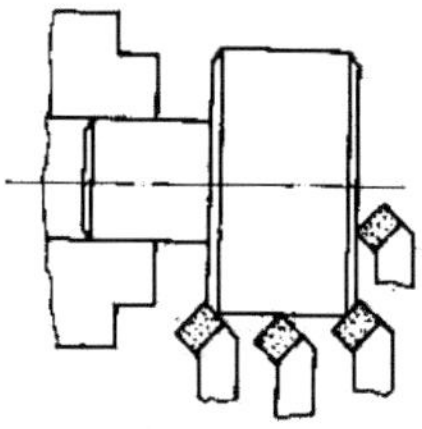  |
| 切断刀（切槽刀） | 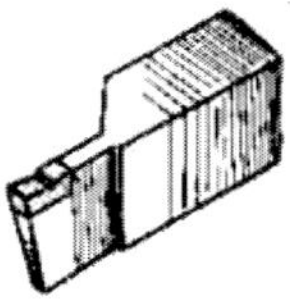  | 切断或在工件上车槽 | 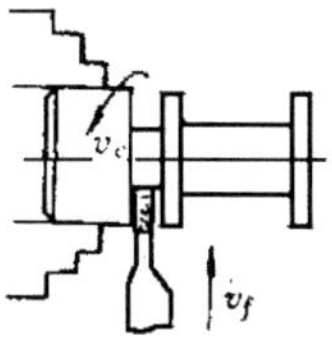  |
| 内孔车刀 |   | 车削工件上的内孔 | 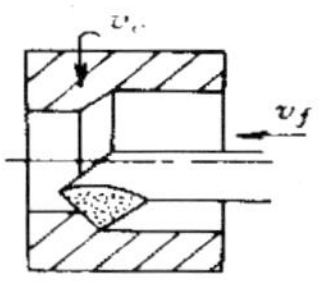  |
| 圆头车刀 | 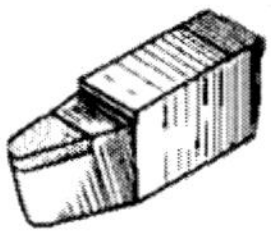  | 车削工件的圆弧面或成型面 | 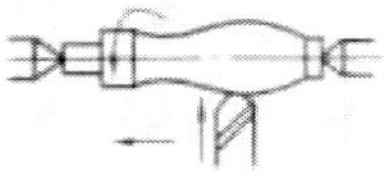  |
| 螺纹车刀 | 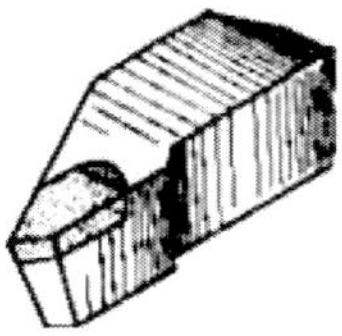  | 车削螺纹 | 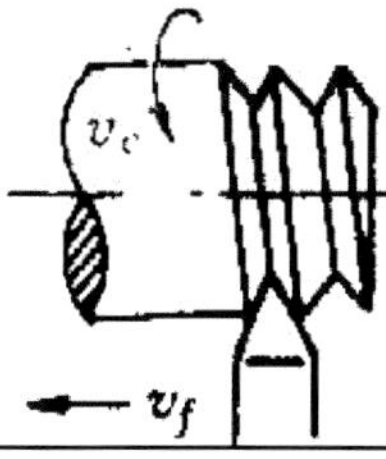  |

### 2.1.2 车刀的组成部分和切削部分的几何要素

1. 车刀的组成部分

车刀由刀头（或刀片）和刀柄两部分组成。刀头是切削部分，刀柄用于将车刀装夹在刀架上。

2. 车刀切削部分的几何要素

图 2－1 所示为常用车刀结构，可以看出，刀头由若干刀面和切削刃组成。

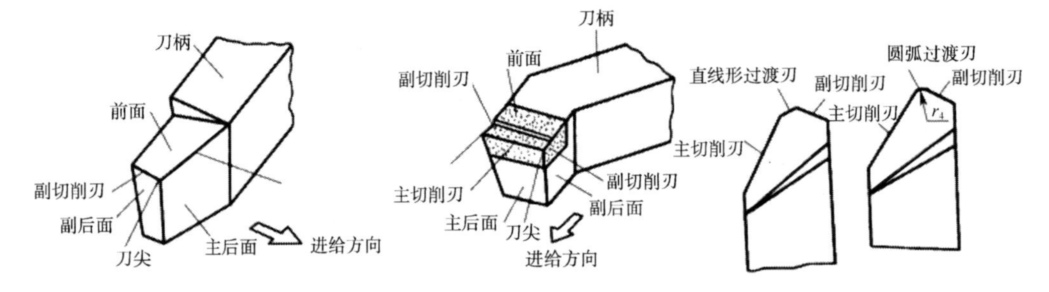


**图 2－1 常用车刀的结构**

感悟与总结：完成表 2－2。

**表 2－2 定义表**

| 序号 | 名称 | 定义 |
| --- | --- | --- |
| 1 | 前面 $A_{\gamma}$ | |
| 2 | 后面 $A_{\alpha}$ | |
| 3 | 主切削刃 S | |
| 4 | 副切削刃 $S'$ | |
| 5 | 刀尖 | |
| 6 | 修光刃 | |

#### 思考与练习

所有车刀刀头的上述组成部分并不完全相同。例如 75°车刀是由 3 个刀面、两条切削刃和一个刀尖组成的；45°、90°、切断刀车刀的组成又是什么样的？

### 2.1.3 测量车刀的三个基准坐标平面

为了测量车刀的角度，需要假想三个基准坐标平面，如图 2－2所示。

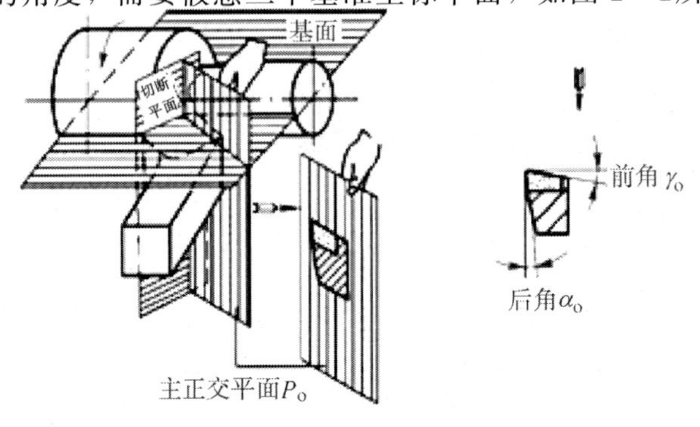


**图 2－2 测量车刀角度的三个基准坐标平面**

1. 基面 $P_r$

通过切削刃上某选定点，垂直于该点主运动方向的平面，称为基面，如图 2—3 所示。对于车削，一般认为基面是水平面。

2. 切削平面 $P_S$

通过切削刃上某选定点，与切削刃相切并垂直于基面的平面。其中选定点在主切削刃上的为主切削平面 $P_S$，选定点在副切削刃上的为副切削平面 $P'_S$，如图 2—3 所示。切削平面一般是指主切削平面。对于车削，一般认为切削平面是铅垂面。

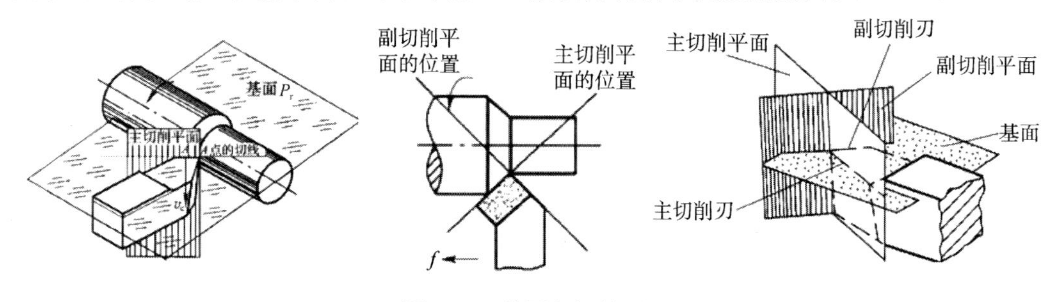


**图 2—3　基面和切削平面**

3. 正交平面 $P_o$

正交平面 $P_o$ 是通过切削刃上某选定点，并同时垂直于基面和切削平面的平面。也可以认为，正交平面是指通过切削刃上的某个选定点，垂直于切削刃在基面上投影的平面，如图 2—4 所示。对于车削，一般可认为正交平面是铅垂面。

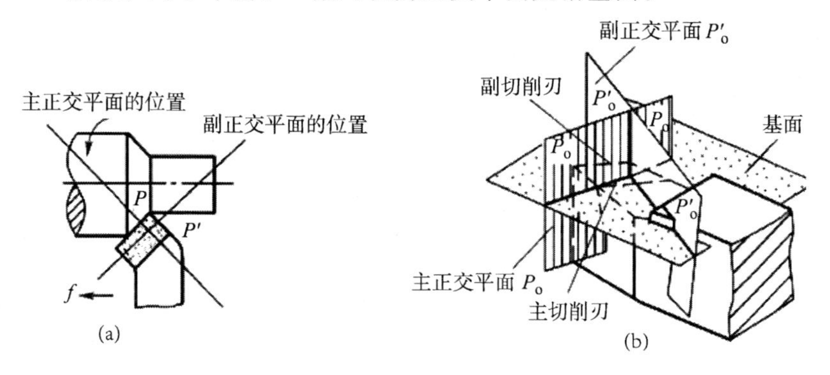


**图 2—4　主正交平面和副正交平面**

(a) 主、副正交平面的位置；(b) 基面和主、副正交平面

### 2.1.4　车刀切削部分的几何角度

1. 车刀切削部分的几何角度及其主要作用和初步选择

车刀切削部分共有 6 个独立的基本角度：主偏角 $\kappa_r$、副偏角 $\kappa'_r$、前角 $\gamma_o$、主后角 $\alpha_o$、副后角 $\alpha'_o$ 和$\lambda_s$；还有两个派生角度，即刀尖角 $\varepsilon_r$ 和楔角 $\beta_o$

车刀切削部分的几何角度及其主要作用和初步选择见表 2—3。

**表2—3　车刀切削部分的几何角度及其主要作用和初步选择一览表**

| 所在基准坐标平面 | 图标 | 角度 | 定义 | 主要作用 | 初步选择 |
|---|---|---|---|---|---|
| 基面 | 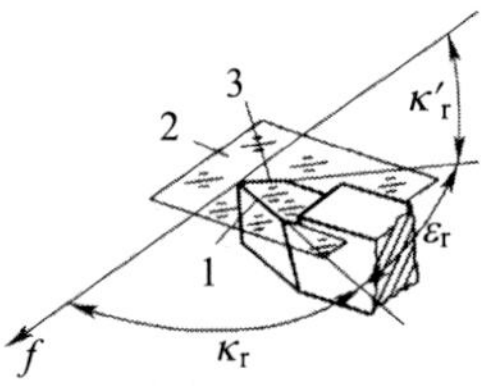 1. 主切削刃在基面上的投影；<br>2. 基面；<br>3. 副切削刃在基面上的投影；<br>4. 进给运动方向。 | 主偏角 $\kappa_r$ | 主切削刃在基面上的投影与进给方向间的夹角。常用车刀的主偏角有45°、60°、75°和90°等几种 | 改变主切削刃的受力及导热能力，影响切屑的厚度 | 选择主偏角应首先考虑工件的形态。如加工工件的台阶，必须选取主偏角 $\kappa_r \geqslant 90°$；加工中间切入的工件表面时，一般选用主偏角 $\kappa_r = 45° \sim 60°$ |
| | | 副偏角 $\kappa'_r$ | 副切削刃在基面上的投影与进给方向的夹角 | 减少副切削刃与工件已加工表面间的摩擦。减小副偏角，可以减小工件的表面粗糙度值；但是副偏角不能太小，否则会使背向力增大 | (1) 副偏角一般采用 $\kappa'_r = 6° \sim 8°$。<br>(2) 精车时，如果在副切削刃上刃磨修光刃，则取0°。<br>(3) 加工中间的工件表面时，副偏角应取45°～60° |
| | | 刀尖角 $\varepsilon_r$ | 主、副切削刃在基面上的投影间的夹角 | 影响刀尖强度和散热性能 | 刀尖角<br>$\varepsilon_r = 180° - (\kappa_r + \kappa'_r)$ |
| 主正交平面 | 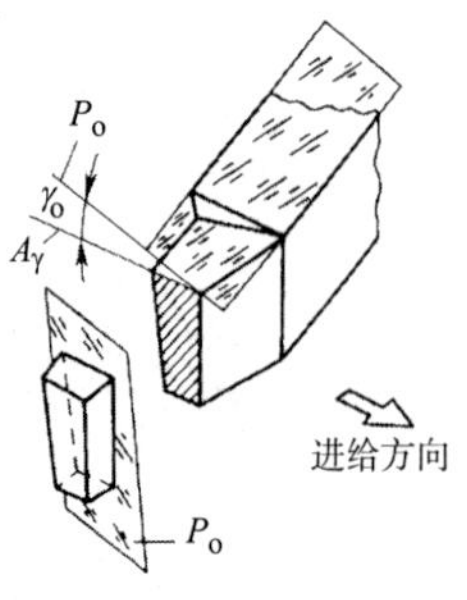 进给方向 | 前角 $\gamma_o$ | 前面和基面间的夹角 | 影响刃口的锋利程度和强度，影响切削变形和切削力 | 前角的数值与工件材料、加工性质和刀具材料有关：<br>(1) 车削塑性材料或工件材料较软时，可选择较大的前角；车削脆性材料或工件材料较硬时，可选择较小的前角。<br>(2) 粗加工，尤其是车削有硬皮的铸锻件时，应选取较小的前角；精加工时，应选取较大的前角。<br>(3) 车刀材料的强度和韧性较差时，应取较小值；反之可取较大值。<br>车刀前角一般选择－5°～25°。高速钢选取20°～25°；硬质合金粗车选取10°～15°，精车选取 $\gamma_o = 13° \sim 18°$ |

续表

| 所在基准坐标平面 | 图标 | 角度 | 定义 | 主要作用 | 初步选择 |
|---|---|---|---|---|---|
| 主正交平面 | $P_s$ $A_\gamma$ $\beta_o$ 进给方向 $\alpha_o$ $P_o$ $A_\alpha$ | 主后角 $\alpha_o$ | 主后面和主切削平面间的夹角 | 减少车刀主后面和工件过渡表面间的摩擦 | (1) 粗加工时，应取较小的后角；精加工时，应取较大的后角。<br>(2) 工件材料较硬时，后角宜取较小值；工件材料较软时，后角宜取较大值。<br>车刀后角一般选择 4°～12°。车削中碳钢工件，用高速钢车刀时，粗车选取 6°～8°，精车选取 8°～12°；用硬质合金车刀时，粗车选取 5°～7°，精车选取 6°～9° |
| | | 楔角 $\beta_o$ | 前面和后面间的夹角 | 影响到头截面的大小，从而影响到头的强度 | 楔角可用下式计算：<br>$\beta_o=90°-(\gamma_o+\alpha_o)$ |
| 副正交平面 $P'_o$ | $P'_s$ $\alpha'_o$ $A'_\alpha$ $P'_o$ | 副后角 $\alpha'_o$ | 副后面和切削平面的夹角 | 减少车刀副后面和工件已加工表面间的摩擦 | (1) 副后角 $\alpha'_o$ 一般磨成与后角 $\alpha_o$ 相等。<br>(2) 在切断刀等特殊情况下，为了保证刀具的强度，副后角应取较小值 1°～2° |
| 主切削平面 | $P_r$ $\lambda_s$ $S$ | 刃倾角 $\lambda_s$ | 主切削刃与基面间的夹角 | 控制排屑方向。当刃倾角为负值时可增加刀头强度，并在车刀受冲击时保护刀尖 | 见表 2—4 中的适用场合 |

2. 车刀角度中正负值的规定

具体规定见表 2—4、表 2—5。

**表 2—4　在正交平面 $P_o$ 内车刀前角和后角正负值规定一览表**

| 角度值 | | $\gamma_o>0°$ | $\gamma_o=0°$ | $\gamma_o<0°$ |
| --- | --- | --- | --- | --- |
| 前角 $\gamma_o$ | 图示 | 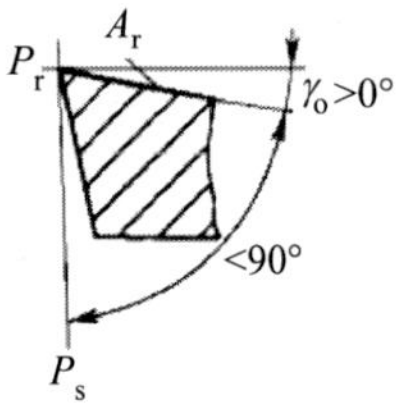 $A_r$ $P_r$ $\gamma_o>0°$ <90° $P_s$ | 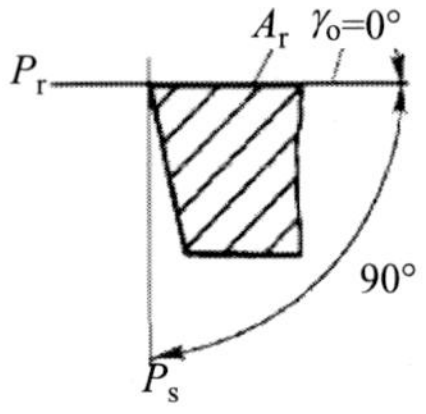 $A_r$ $\gamma_o=0°$ $P_r$ 90° $P_s$ | 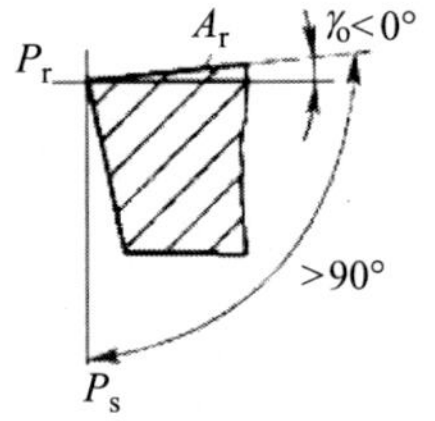 $A_r$ $\gamma_o<0°$ $P_r$ >90° $P_s$ |
| | 正负值规定 | 前面 $A_r$ 与切削平面 $P_s$ 间的夹角小于 90°时 | 前面 $A_r$ 与切削平面 $P_s$ 间的夹角等于 90°时 | 前面 $A_r$ 与切削平面 $P_s$ 间的夹角大于 90°时 |
| 角度值 | | $\alpha_o>0°$ | $\alpha_o=0°$ | $\alpha_o<0°$ |
| 后角 $\alpha_o$ | 图示 | 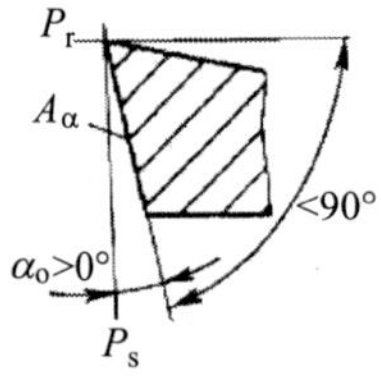 $P_r$ $A_\alpha$ <90° $\alpha_o>0°$ $P_s$ | 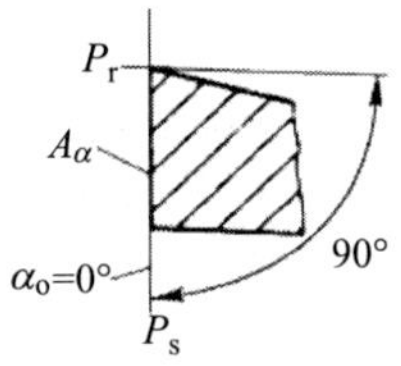 $P_r$ $A_\alpha$ 90° $\alpha_o=0°$ $P_s$ | 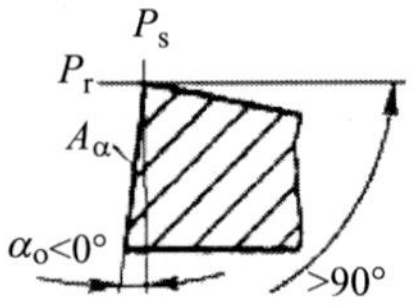 $P_s$ $P_r$ $A_\alpha$ $\alpha_o<0°$ >90° |
| | 正负值规定 | 后面 $A_r$ 与基面 $P_r$ 间的夹角小于 90°时 | 后面 $A_r$ 与基面 $P_r$ 间的夹角等于 90°时 | 后面 $A_r$ 与基面 $P_r$ 间的夹角大于 90°时 |

**表 2—5　车刀刃倾角正负值的规定及使用情况一览表**

| 角度值 | $\gamma_s>0°$ | $\gamma_o=0°$ | $\gamma_o<0°$ |
| --- | --- | --- | --- |
| 正负值的规定 | 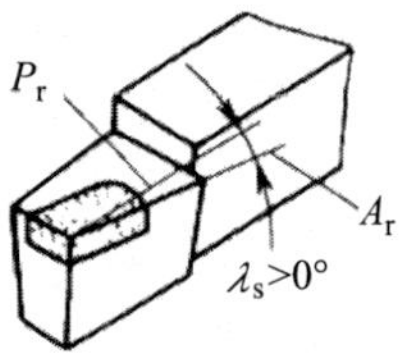 $P_r$ $A_r$ $\lambda_s>0°$ | 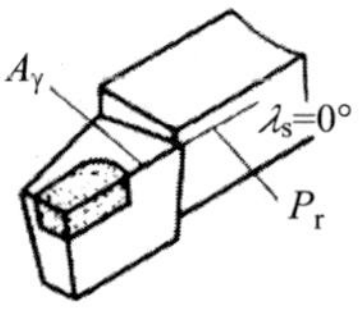 $A_\gamma$ $\lambda_s=0°$ $P_r$ | 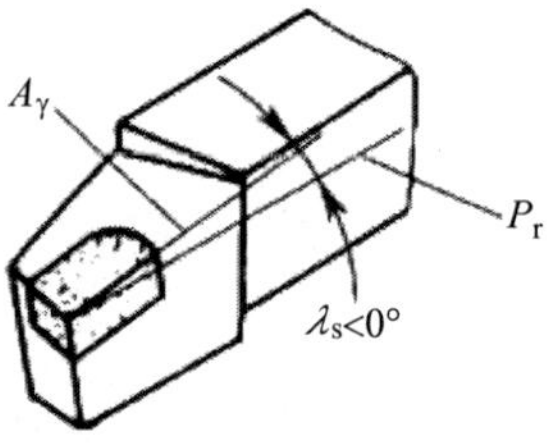 $A_\gamma$ $P_r$ $\lambda_s<0°$ |
| | 刀尖位于主切削刃 S 的最高点 | 主切削刃 S 和基面 $P_r$ 平行 | 刀尖位于主切削刃 S 的最低点 |
| 排除切屑情况 | 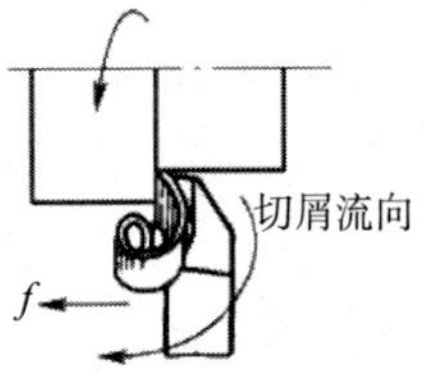 切屑流向 $f$ | 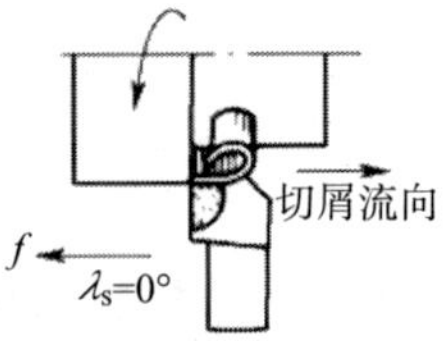 切屑流向 $f$ $\lambda_s=0°$ | 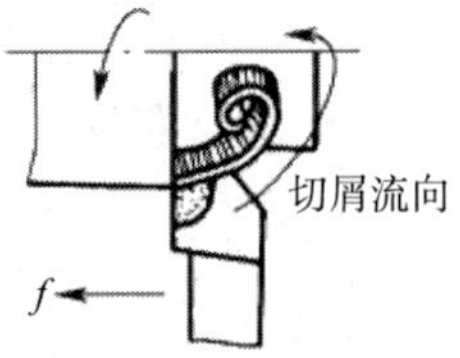 切屑流向 $f$ |
| | 切屑排向工件的待加工表面方向，切屑不易擦毛已加工表面，车出的工件表面粗糙度小 | 切屑基本上沿垂直于主切削刃方向排出 | 切屑排向工件的已加工表面方向，容易划伤已加工表面 |

续表

| 角度值 | $\gamma_s>0°$ | $\gamma_o=0°$ | $\gamma_o<0°$ |
|---|---|---|---|
| 刀尖强度和冲击点先接触车刀的位置 | 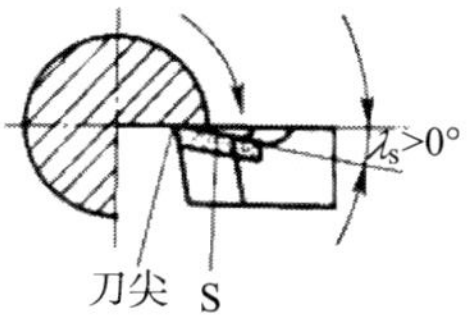 $\lambda_s>0°$ 刀尖 S | 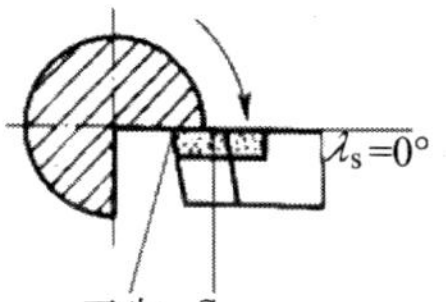 $\lambda_s=0°$ 刀尖 S | 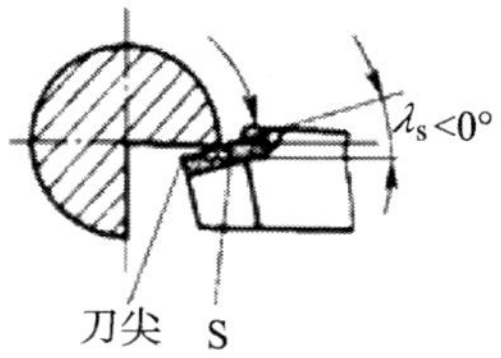 $\lambda_s<0°$ 刀尖 S |
| | 刀尖强度较差，尤其是在车削不圆整的工件受冲击时，冲击点先接触刀尖，刀尖易损坏 | 刀尖强度一般，冲击点同时接触刀尖和切削刃 | 刀尖强度好，在车削有冲击的工件时，冲击点先接触远离刀尖。的切削刃处，从而保护了刀尖 |
| 适用场合 | 精车时，$\lambda_s$应取正值，$0°<\lambda_s<8°$ | 工件圆整、余量均匀的一般车削时，应取$\lambda_s=0°$ | 断续车削时，为了增加刀头强度，取负值$\lambda_s=-15°\sim-5°$ |

### 2.1.5　左车刀和右车刀的判

车刀的分类和判别见表 2－6。

**表 2－6　车刀的分类和判别**

| 车刀 | 右车刀 | 左车刀 |
|---|---|---|
| 45°车刀（弯头车刀） | 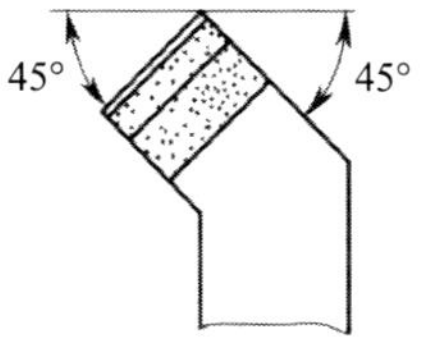 45° 45° 45°右车刀 | 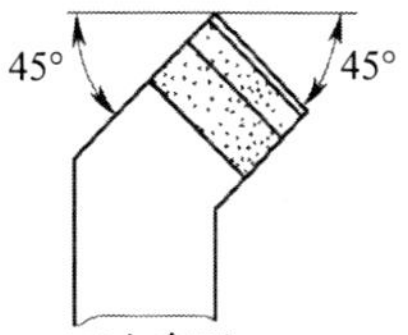 45° 45° 45°左车刀 |
| 75°车刀 | 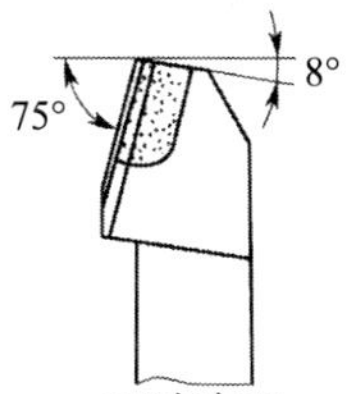 8° 75° 75°右车刀 | 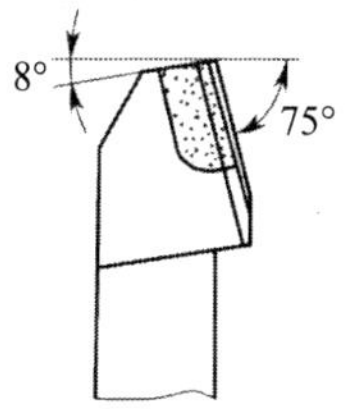 8° 75° 75°左车刀 |

续表

| 车刀 | 右车刀 | 左车刀 |
| --- | --- | --- |
| 90°车刀（偏刀） | 6°~8° 90° 右偏刀(又称正偏刀) | 6°~8° 90° 左偏刀 |
| 说明 | 右车刀的主切削刃在刀柄左侧，由车床的右侧向左侧纵向进给 | 左车刀的主切削刃在刀柄右侧，由车床的左侧向右侧纵向进给 |
| 左右手判别法 | 将平摊的右手手心向下放在刀柄的上面，指尖指向刀头方向，如果主切削刃和右手拇指在同一侧，则该车刀为右车刀 | 反之，则为左车刀 |

### 2.1.6　识读车刀几何角度的标注

参考图 2—5，识读车刀几何角度的标注。

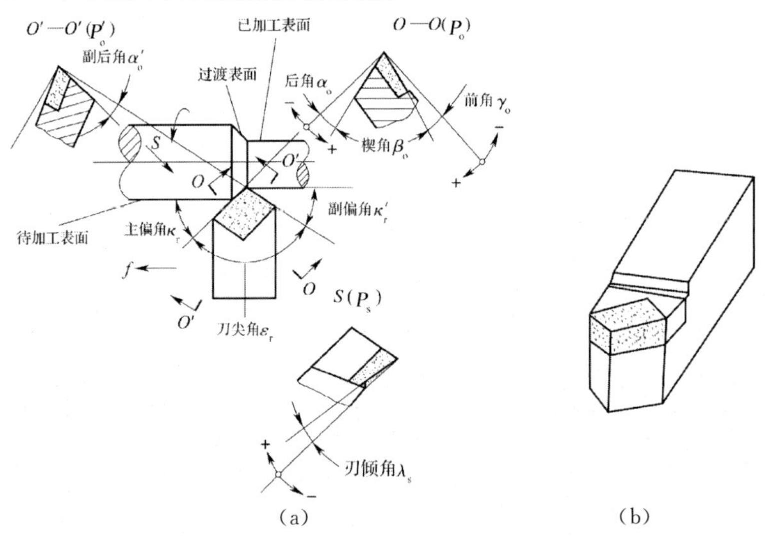


图 2—5　硬质合金外圆车刀切削部分几何角度的标注

(a) 车刀切削部分几何角度的标注；(b) 车刀外形图

## 思考与练习

解释图 2—6 中 90°硬质合金焊接车刀切削部分几何角度的标注。

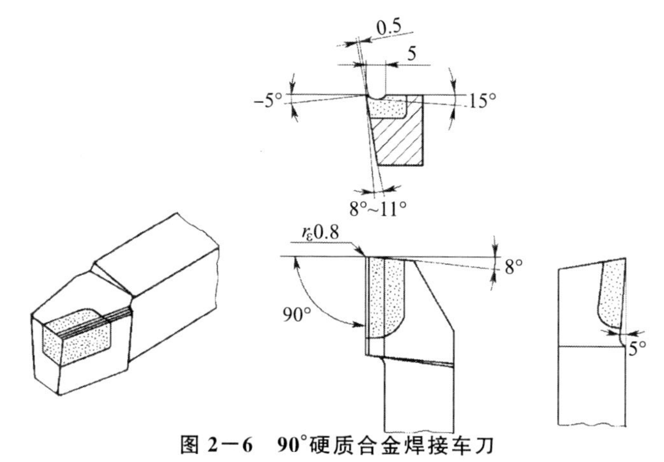


图 2—6　90°硬质合金焊接车刀

### 2.1.7　常用车刀材料

车刀的切削刃部分处于很高的温度，经受连续强烈的摩擦，并承受很大的切削力和冲击力，所以车刀切削部分的材料必须具备下列基本性能：

(1) 较高的硬度；

(2) 较好的耐磨性；

(3) 足够的强度和韧性；

(4) 较高的耐热性；

(5) 较好的导热性；

(6) 良好的工艺性和经济性。

目前常用的刀具材料有高速钢、硬质合金、碳素工具钢、合金工具钢、陶瓷、金刚石等，而高速钢和硬质合金使用最多的车刀材料。

1. 高速钢

高速钢是含钨 W、钼 Mo、铬 Cr、钒 V 等元素且金元素较多的工具钢。高速钢刀具制造简单，刃磨方便，容易通过刃磨获得锋利的刃口，而且韧性较好，常用于承受冲击力较大的场合。适于制造结构较复杂的成形刀具，如成形车刀、螺纹刀具、钻头铰刀等。高速钢的耐热性较差，因此不能用于高速切削。

高速钢的类别、常用牌号、性质及应用见表 2—7。

表 2—7　高速钢的类别、常用牌号、性质及应用一览表

| 类 别 | 常 用 牌 号 | 性质 | 应用 |
|---|---|---|---|
| 钨系 | W18Cr4V (18—4—1) | 性能稳定，刃磨及热处理工艺控制较方便 | 金属钨的价格较高，以后使用将逐渐减少 |
| 钨钼系 | W6Mo5Cr4V2 (6—5—4—2) | 最初是国外为解决缺钨而研制出以取代 $W_{18}Cr_4V$ 的高速钢（以1%的钼取代 2%的钨）。其高温塑性与韧度都超过 $W_{18}Cr_4V$，而其切削性能却大致相同 | 制造热轧工具，如麻花钻等 |
|  | W9Mo3Cr4V (9—3—4—1) | 根据我国资源的实际情况而研制的刀具材料，其强度和韧性均比 $W_6Mo_5Cr_4V_2$ 好，高温塑性和切削性能良好 | 使用将逐渐增多 |

2. 硬质合金

硬质合金是用钨和钛的碳化物粉末加钴作为黏结剂，高压压制成型后再经高温烧结而成的粉末冶金制品。硬度、耐磨性和耐热性均高于高速钢。切削钢时，切削速度可达220m/min左右。硬质合金的缺点是韧性较差，承受不了大的冲击力，它是目前应用最广泛的一种车刀材料。分为三个主要类别，以字母K、P、M来表示。其分类、用途、性能、代号（GB2075—87）以及旧牌号的对照，见表2—8。

**表2—8　硬质合金的分类、用途、性能、代号以及与旧牌号的对照一览表**

<table>
<tr><th rowspan="2">类别</th><th rowspan="2">用途</th><th rowspan="2">被加工材料</th><th rowspan="2">常用代号</th><th colspan="2">性能</th><th rowspan="2">适用加工阶段</th><th rowspan="2">相当于旧牌号</th></tr>
<tr><th>耐磨性</th><th>韧性</th></tr>
<tr><td rowspan="3">K类（钨钴类）</td><td rowspan="3">适用于加工铸铁、有色金属等脆性材料或冲击性较大的场合。但在切削难加工材料或振动较大（如断续切削塑性金属）的特殊情况时也较合适</td><td rowspan="3">适于加工短切屑的黑色金属、有色金属及非金属材料</td><td>K01</td><td rowspan="3">↑</td><td rowspan="3">↓</td><td>精加工</td><td>YG3</td></tr>
<tr><td>K10</td><td>半精加工</td><td>YG6</td></tr>
<tr><td>K20</td><td>粗加工</td><td>YG8</td></tr>
<tr><td rowspan="3">P类（钨钛钴类）</td><td rowspan="3">适用于加工钢或其他韧性较大的塑性金属，不宜用于加工脆性金属</td><td rowspan="3">适于加工长切屑的黑色金属</td><td>P01</td><td rowspan="3">↑</td><td rowspan="3">↓</td><td>精加工</td><td>YT30</td></tr>
<tr><td>P10</td><td>半精加工</td><td>YT15</td></tr>
<tr><td>P30</td><td>粗加工</td><td>YT5</td></tr>
<tr><td rowspan="2">M类[钨钛钽（铌）钴类]</td><td rowspan="2">既可加工铸铁、有色金属，又可加工碳素钢、合金钢，故又称通用合金。<br>主要用于加工高温合金、高锰钢、不锈钢以及可锻铸铁、球墨铸铁、合金铸铁等难加工材料</td><td rowspan="2">适于加工长切屑或短切屑的黑色金属和有色金属</td><td>M10</td><td rowspan="2">↑</td><td rowspan="2">↓</td><td>精加工、半精加工</td><td>YW1</td></tr>
<tr><td>M20</td><td>半精加工、粗加工</td><td>YW2</td></tr>
</table>

## 思考与练习

1. 车刀几何要素的名称和主要作用是什么？

2. 车刀切削部分的的几何参数及其主要作用是什么？

3. 简述常用车刀的种类及用途。

4. 常用车刀的材料有哪些？

## 2.2　车刀刃磨练习

**学习目标**

1. 具有根据刀具材料选择砂轮的能力。
2. 具备正确使用砂轮机的技能。
3. 掌握车刀的刃磨姿势及刃磨方法。
4. 能刃磨 90°硬质合金焊接车刀。

### 2.2.1　砂轮

常见砂轮如图 2—7 所示，砂轮种类、颜色和适用场合见表 2—9，砂轮机如图 2—8 所示。

(a)

(b)

图 2—7　砂轮

(a) 平形砂轮；(b) 杯形砂轮

表 2—9　砂轮的种类、颜色和适用场合

| 砂轮种类 | 颜色 | 适　用　场　合 |
|---|---|---|
| 氧化铝 | 白色 | 刃磨高速钢刀具和硬质合金车刀的刀柄部分 |
| 碳化硅 | 绿色 | 刃磨硬质合金刀具的硬质合金部分 |

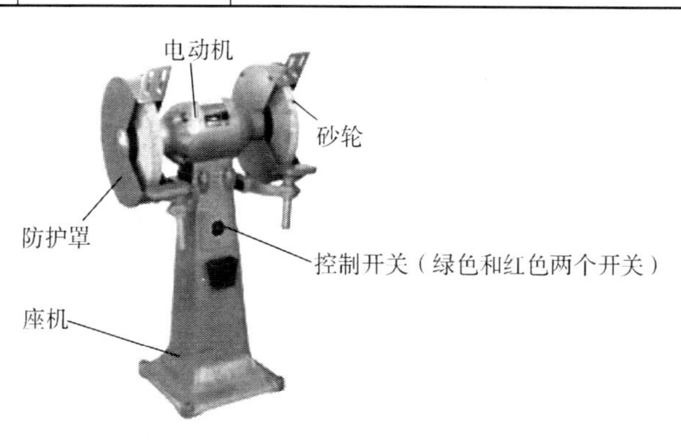


图 2—8　砂轮机

### 2.2.2 砂轮机

（1）新安装的砂轮必须严格检查。在使用前要检查外表有无裂纹，可用硬木轻敲砂轮，检查其声音是否清脆。如果有碎裂声必须重新更换砂轮。

（2）在试转合格后才能使用。新砂轮安装完毕，先点动或低速试转，若无明显振动，再改用正常转速，空转10min，情况正常后才能使用。

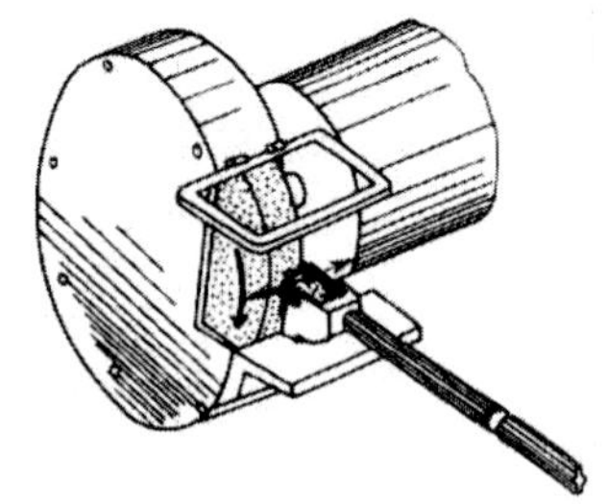

图2—9 用砂轮刀修整砂轮

（3）安装后必须保证装夹牢靠，运转平稳。砂轮机启动后，应在砂轮旋转平稳后再进行刃磨。

（4）砂轮旋转速度应略小于允许的线速度，速度过高会爆裂伤人，过低又会影响刃磨质量。

（5）若砂轮跳动明显，应及时修整。平形砂轮一般可用砂轮刀在砂轮上来回修整，杯形细粒度砂轮可用金刚石笔或硬砂条修整，如图2—9所示。

（6）刃磨结束后，应随手关闭砂轮机电源。

### 2.2.3 车刀刃磨

1. 车刀刃磨步骤

1）粗磨

（1）磨主后面，同时磨出主偏角及主后角，如图2—10（a）所示。

（2）磨副后面，同时磨出副偏角及副后角，如图2—10（b）所示。

（3）磨前面，同时磨出前角，如图2—10（c）所示。

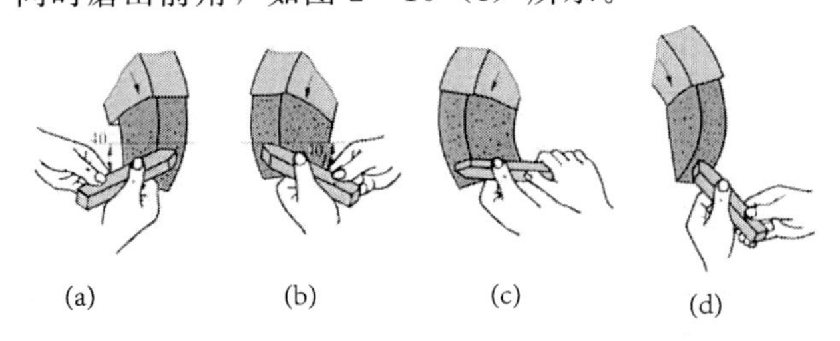


图2—10 车刀的刃磨

（a）磨主后面；（b）磨副后面；（c）磨前面；（d）磨刀尖圆弧

2）精磨

（1）修磨前面；

（2）修磨主后面和副后面；

（3）修磨刀尖圆弧，如图2—10（d）所示。

2. 刃磨车刀的姿势及方法

（1）刃磨车刀时，操作者应站立在砂轮机的侧面，双手握车刀，两肘应夹紧腰部，这样可以减小刃磨时的抖动。

（2）刃磨时，车刀应放在砂轮的水平中心，刀尖略微上翘3°～8°，车刀接触砂轮后应作左右方向水平移动；车刀离开砂轮时，刀尖需向上抬起，以免砂轮碰伤已磨好的切削刃。

（3）磨主后面时，刀杆尾部向左偏过一个主偏角的角度；磨副后面时，刀杆尾部向右偏过一个副偏角的角度。

（4）修磨刀尖圆弧时，通常以左手握车刀前端为支点，用右手转动车刀尾部。

操作提示：①充分认识到越是简单的高速旋转的设备就越危险。刃磨时须戴防护眼镜，操作者应站立在砂轮机的侧面，一台砂轮机以一人操作为好。②如果砂粒飞入眼中，不能用手去擦，应立即去医务室清除。③使用平形砂轮时，应尽量避免在砂轮的侧面上刃磨。④刃磨高速工具钢车刀时，应及时冷却，以防切削刃退火，致使硬度降低。而刃磨硬质合金焊接车刀时，则不能浸水冷却，以防刀片因骤冷而崩裂。⑤刃磨时，砂轮旋转方向必须是由刃口向刀体方向转动，以免切削刃出现锯齿形缺陷。⑥刃磨时不能用力过大，以免打滑伤手。

### 2.2.4　任务实施

1. 刃磨 90°硬质合金焊接车刀练习

练习如图 2—11 所示。

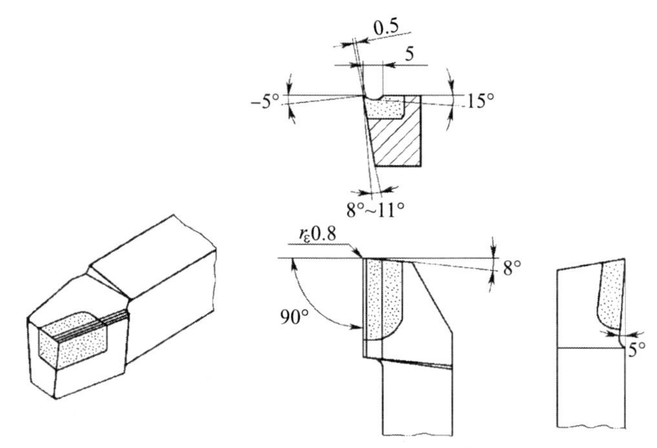


**图 2—11　90°硬质合金焊接车刀**

2. 检查车刀角度的方法

（1）目测法：观察车刀角度是否合乎切削要求，刀刃是否锋利，表面是否有裂痕和其他不符合切削要求的缺陷。

（2）角度尺和样板测量法：对于角度要求较高的车刀，可用此法检查。

# 任务三　车外圆柱面

**学习目标**

1. 能按照车间安全防护规定穿戴劳保用品，执行安全操作规程，牢固树立正确的安全文明操作意识。
2. 能通过教师讲解，查阅资料、教科书等识读图纸和了解工艺，明确加工技术要求。
3. 能根据零件材料和形状特征，合理选择刀具。
4. 能根据现场条件，确定符合加工要求的工、量、夹具、辅件及切削液。
5. 能正确装夹工件和车刀。
6. 按操作规程操作车床，确定切削用量三要素；并根据切削状态调整切削用量，保证正常切削；适时检测，保证质量。
7. 能按产品工艺流程和车间要求，进行产品自检、互检、专检工作。
8. 能与他人合作，进行有效的沟通，有团队合作的精神。

## 3.1　轴类工件的装夹及钻中心孔

**学习目标**

1. 掌握车床上工件的装夹方法和校正方法。
2. 了解中心孔的种类及作用。
3. 掌握中心钻的装夹及中心孔的钻削方法。

### 3.1.1　轴类工件的装夹

车削时，工件必须在车床夹具中定位并夹紧，工件装夹得是否正确可靠，将直接影响加工质量和生产率，应得到重视。根据轴类工件的形状、大小、加工精度和数量的不同，常用以下几种装夹方法。

1. 三爪自定心卡盘装夹

三爪自定心卡盘（图 3－1）能自动定心，工件装夹时，一般不需要校正。但在装夹较长的工件时，工件上离卡盘夹持部分较远处的轴线不一定与车床的主轴轴线重合，这时必须对工件位置进行校正。此外，三爪自定心卡盘长时间使用会造成精度失准，当工件的加工精度要求又较高时，需要校正。

校正的要求是被加工工件的轴线与车床主轴的轴线重合。

1）用划针校正

粗加工时，常用目测法或划针校正毛坯表面。

（1）用卡盘轻夹住工件，将划线盘放置在适当位置，将划针尖端触向工件悬伸处圆柱表面，如图 3－2 所示。

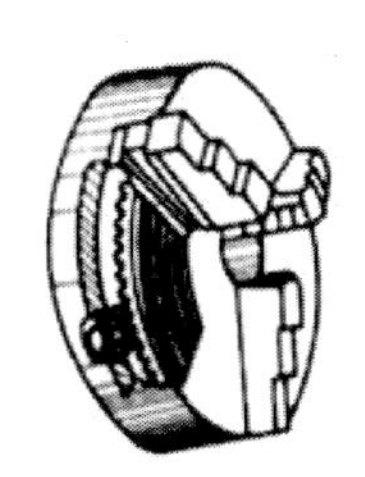

图 3－1　三爪自定心卡盘

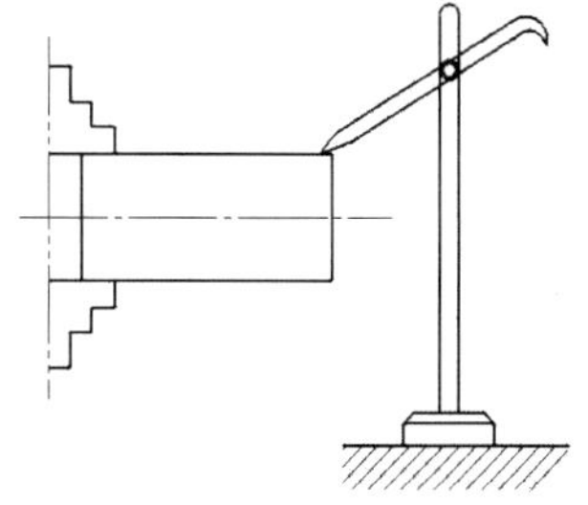

图 3－2　用划针校正轴类工件

（2）将主轴箱变速手柄置于空挡，用手轻拨卡盘转动，观察划针尖与工件表面接触情况，用铜棒轻击与划针最近表面，直至全圆周划针与工件表面间隙均匀一致，校正结束。

（3）夹紧工件。

2）用百分表校正

精加工时，用百分表校正。

（1）用卡盘轻夹住工件，将百分表触头垂直指向工件悬伸端外圆柱表面（图 3－3），并使百分表触头预先压下 0.5～1mm。

（2）用手拨动卡盘缓慢转动，校正工件至每转时百分表的读数的最大差值在 0.10mm以内（或是工件精度要求），校正结束。

（3）夹紧工件。

3）盘类工件的装夹

装夹经粗加工端面后的盘类工件时，常采用以下方法（图 3－4）：

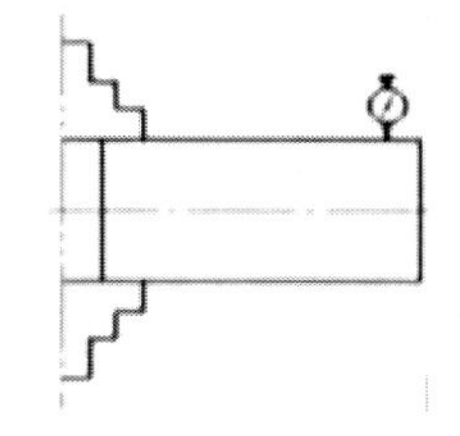

图 3－3　用百分表校正

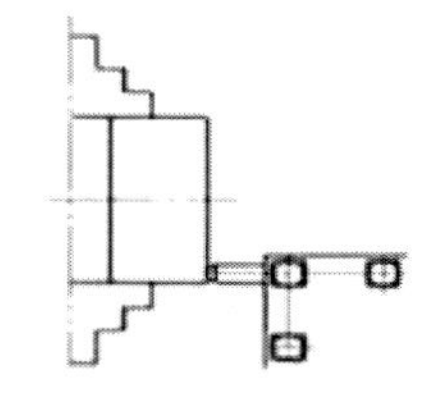

图 3－4　盘类件装夹与校正

（1）在刀架上夹持一支圆头铜棒。

（2）用卡盘轻轻夹住工件，使主轴低速转动。

（3）移动床鞍和中滑板，使刀架上的铜棒轻轻接触和挤压工件端面外缘，当目测工件端面与主轴轴线垂直后（工件找正后），退出铜棒。

（4）停止主轴转动并夹紧工件。

2. 在四爪单动卡盘上装夹

图 3—5 所示为四爪单动卡盘的外形，四爪单动卡盘上的四个卡爪是各自独立运动的。因此，在装夹工件时，必须将工件加工部位的旋转轴线校正到与车床主轴旋转轴线重合。

四爪单动卡盘找正比较费时，但夹紧力比三爪自定心卡盘大，因此适用于装夹大型或形状不规则的工件。

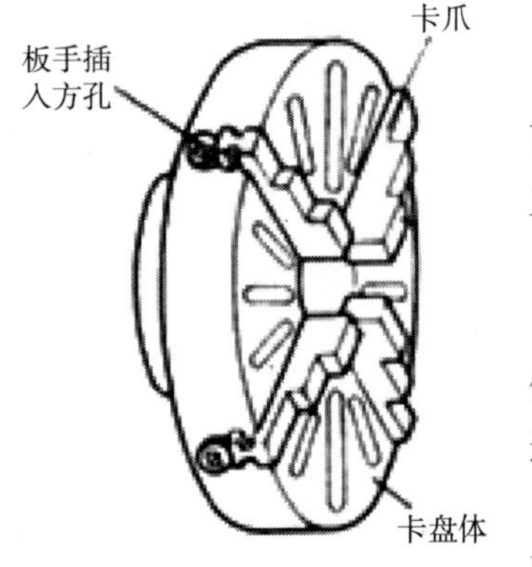

**图 3—5 四爪单动卡盘**

三爪自定心卡盘和四爪单动卡盘统称为卡盘，卡盘均可装成正爪或反爪两种形式，反爪用来装夹直径较大的工件。

3. 一夹一顶装夹

车削轴类工件，尤其是较重、较长的工件时，可将工件的一端用卡盘夹紧，另一端用后顶尖支顶（图 3—6），这种装夹方法称为一夹一顶装夹。

为了防止因进给力的作用而使工件产生轴向位移，可在主轴前端锥孔内安装一个限位支撑［图 3—6（a）］，也可利用工件的台阶进行限位［图 3—6（b）］。用这种方法装夹较安全可靠，能承受较大的进给力，因此应用广泛。

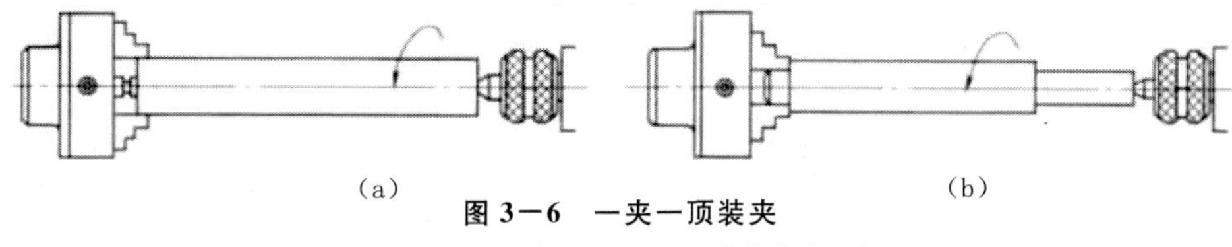

**图 3—6 一夹一顶装夹**

(a) 用限位支撑；(b) 利用工件的台阶限位

4. 两顶尖装夹

对于较长工件或必须经过多次装夹才能完工的工件（如长轴、长丝杠等）及工序较多，在车削后还要铣削或磨削的工件，为了保证每次装夹时的装夹精度，可用车床的前、后顶尖（即两顶尖）装夹。其装夹形式如图 3—7 所示。

工作时，前顶尖装在主轴上，通过鸡心夹卡箍和拨盘带动工件与主轴一起旋转，后顶尖装在尾座上随之旋转。

如图 3—7 所示，还可以用卡盘夹住钢料先车一个前顶尖，通过鸡心夹头卡箍卡在一个卡爪前代替拨盘，通过鸡心夹头带动工件旋转。两顶尖装夹工件精度高，并有很好的重复安装精度（可保证同轴度）。

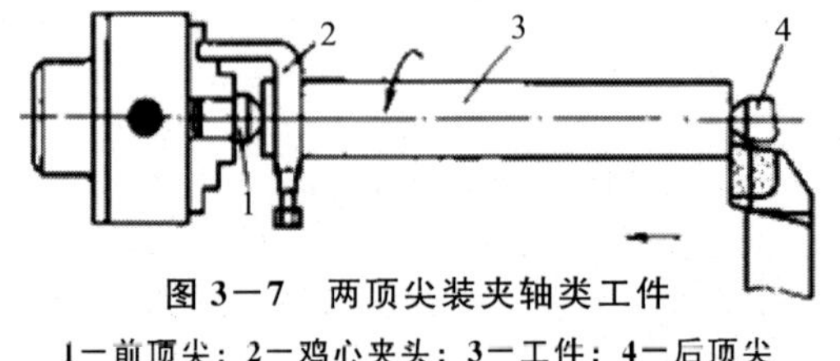

**图 3—7 两顶尖装夹轴类工件**

1—前顶尖；2—鸡心夹头；3—工件；4—后顶尖

### 3.1.2　钻中心孔

1. 中心孔的形状和种类

中心孔有：A 型（不带护锥）、B 型（带护锥）、C 型（带螺纹孔）和 R 型（带弧型）四种。常用的中心孔有 A 型和 B 型，如图 3—8 所示。

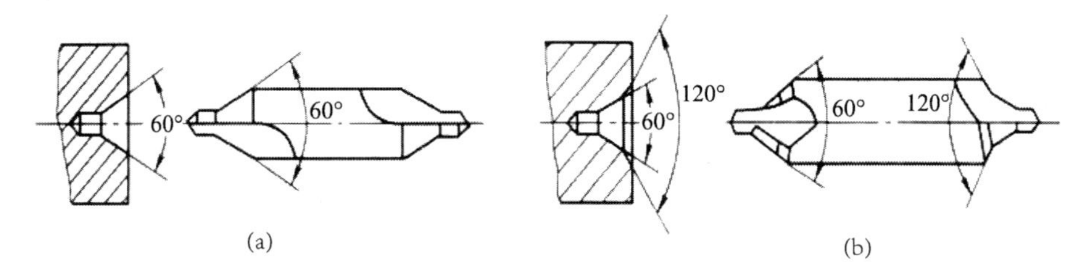


**图 3—8　中心孔及中心钻**

**(a) A 型中心孔及中心钻；(b) B 型中心孔及中心钻**

A 型（不带护锥）中心孔：由圆柱孔和圆锥孔两部分组成。圆锥孔的角度一般是 60°，它与顶尖配合，用来定中心、承受工件质量和切削力；圆柱孔用来储存润滑油和保证顶尖的锥面和中心孔的圆锥面配合贴切，不使顶尖触及工件，保证定位正确。

B 型（带护锥）中心孔：是在 A 型中心孔的端部另加上 120°圆锥孔，用以保护 60°锥面不被碰毛，并使端面容易加工。一般精度要求较高，工序较多的工件用 B 型中心孔。

C 型（带螺纹孔）中心孔：其外端似 B 型中心孔，里端有一个比圆柱孔还要小的螺纹孔。C 型中心孔用于需要将其他零件轴向固定在轴上，或需将零件吊挂放置时，如图 4—9 所示。

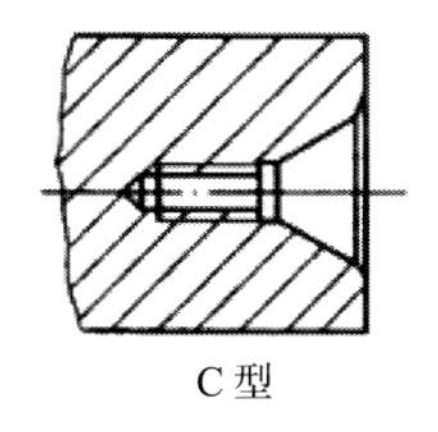

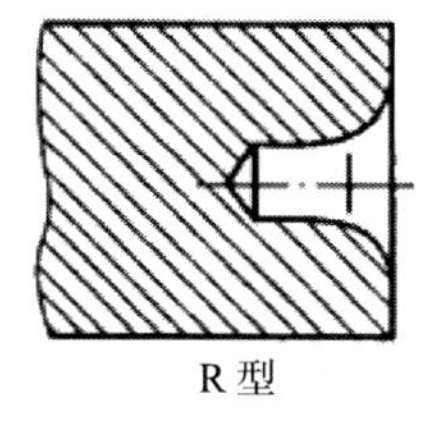

C 型　　R 型

**图 3—9　C 型、R 型中心孔**

R 型（带弧型）中心孔：将 A 型中心孔的圆锥母线由直线改为圆弧线即成 R 型中心孔。这时与顶尖锥面的配合由面接触变成线接触，使摩擦力减小，定位精度提高。R 型中心孔适用于轻型和高精度的轴类工件，如图 3—9 所示。

2. 装夹中心钻

(1) 用钻夹头钥匙逆时针旋转钻夹头外套，使钻夹头的三爪张开（图 3—10）。

(2) 将中心钻插入钻夹头的三爪之间，然后用钻夹头的钥匙顺时针方向转动钻夹头外套，通过三爪夹紧中心钻（图 3—11）。

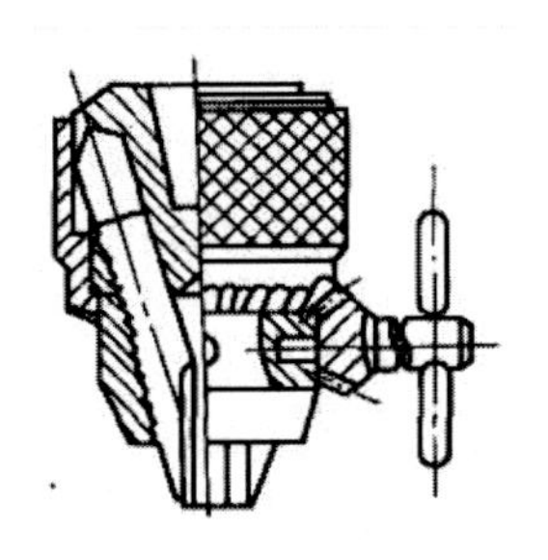
图 3—10　钻夹头钥匙的使用图

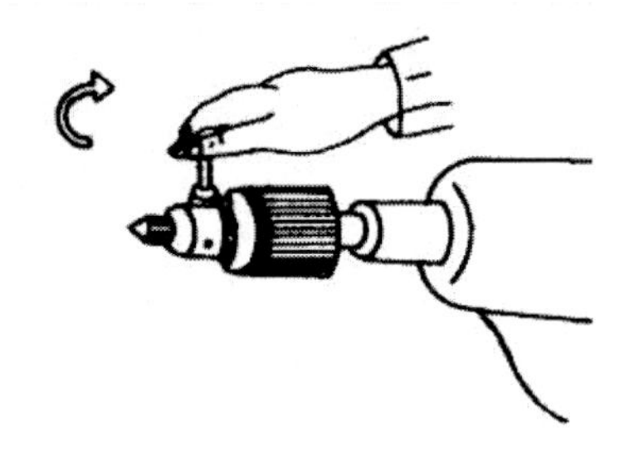
图 3—11　装夹中心钻

3. 将钻夹头装入尾座锥孔中

(1) 擦净钻夹头柄部和尾座锥孔，用左手握住钻夹头外套部位，沿尾座套筒轴线方向将钻夹头锥柄部用力插入尾座套筒锥孔中。

(2) 若钻夹头柄部与车床尾座锥孔大小不吻合，则需增加变径套。

4. 导致中心孔折断的原因

(1) 中心钻轴线与工件旋转轴线不一致，钻前须严格找正中心钻的位置。

(2) 工件端面不平整或中心处留有凸头，使中心钻不能准确地定心而折断。

(3) 选用的切削用量不合适，如工件的转速太低而中心钻的进给速度太快，使中心钻折断。

(4) 磨钝的中心钻强行钻入工件也易折断。因此，中心钻磨损后应及时修磨或更换。

(5) 工件材质较硬，加工时没有充分浇注切削液或没有及时清除切屑，也易导致切屑堵塞而折断中心钻。

## 思考与练习

1. 车床上工件的装夹方法和校正方法有哪些？

2. 简述中心孔的种类及作用。

3. 简述中心钻的装夹及中心孔的钻削方法。

## 3.2　手动进给车外圆和平面

**学习目标**

1. 观察工作位置，注意操作姿势。
2. 掌握切削用量的选择。
3. 能正确装夹车刀。
4. 用手动进给均匀地移动床鞍、中滑板、小滑板，按图样要求车削工件。
5. 掌握试切试测的方法车外圆。

### 3.2.1　任务分析

（1）明确任务——车外圆、端面并倒角（图3－12）。

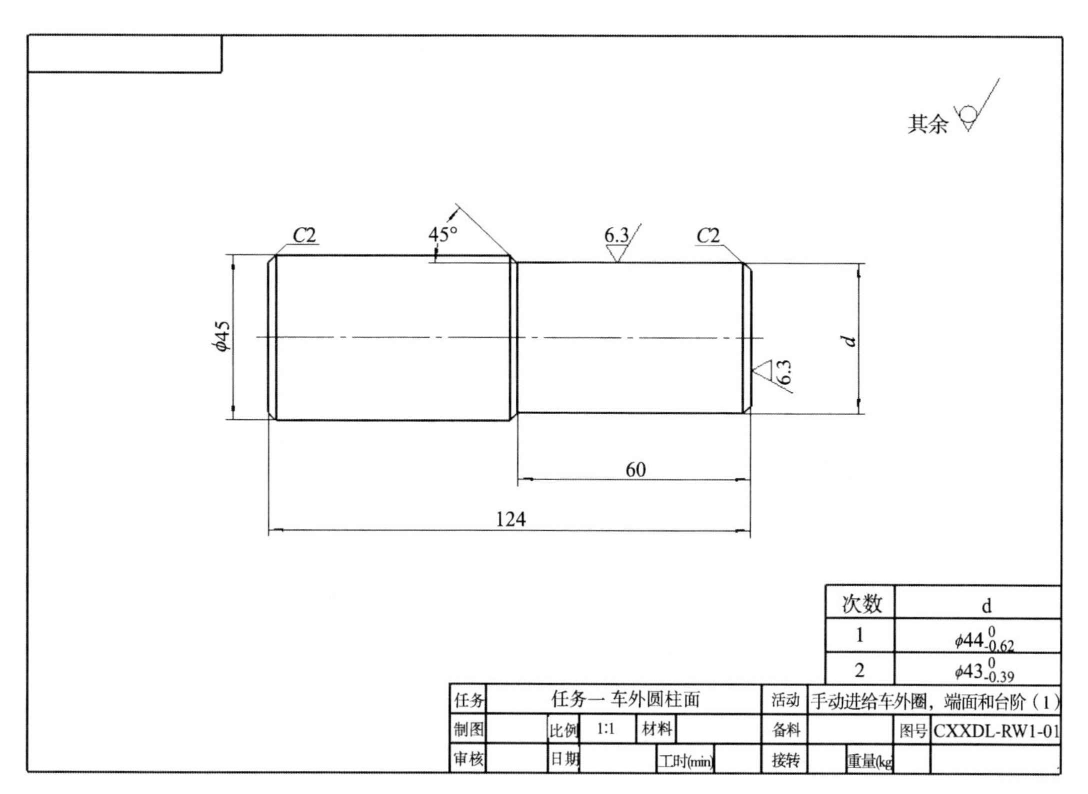


**图3－12　手动进给车外圆、端面和台阶图纸**

（2）工艺分析：由于轴各台阶间直径相差不大，所以采用热轧圆钢 $\phi$45mm。先车端面，再车外圆及倒角。由于是手动进给，要进给均匀。

### 3.2.2 切削用量的基本概念

切削用量是表示主运动及进给运动的大小的参数，是背吃刀量、进给量和切削速度的总称，又被称为切削用量三要素。

1. 背吃刀量 $\alpha_p$

工件上已加工表面和待加工表面的垂直距离称为背吃刀量，如图 3－13，根据此定义，如在纵向车外圆时，其背吃刀量可按下式计算：

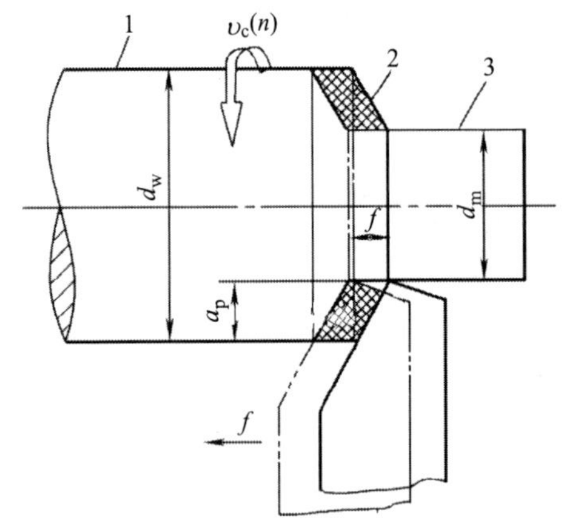


图 3－13 背吃刀量和进给量

1－待加工表面；2－过渡表面；3－已加工表面

$$\alpha_p=\frac{d_w-d_m}{2} \tag{3－1}$$

式中：$d_w$ 为工件待加工表面直径（mm）；$d_m$ 为工件已加工表面直径（mm）。

例 3－1 已知待加工表面直径为 $\phi$45mm；现一次进给车至直径为 $\phi$43mm，求背吃刀量。

解：根据式（3－1）

$$\alpha_p=\frac{d_w-d_m}{2}=\frac{45\text{mm}-43\text{mm}}{2}=1\text{mm}$$

2. 进给量 $f$

工件每转一周，刀具沿进给方向移动的距离称为进给量，如图 3－14 所示中的 $f$，单位是 mm/r。

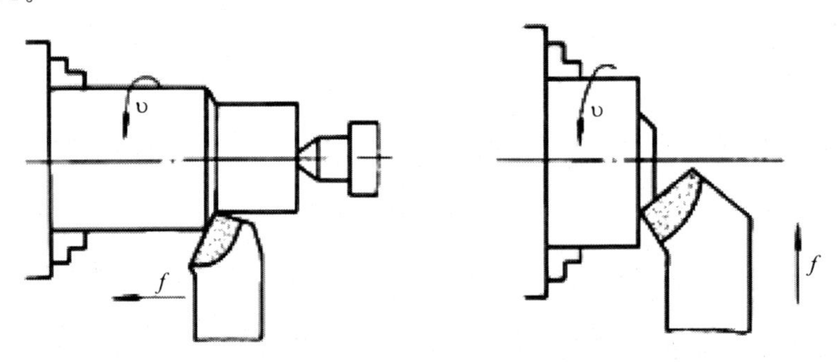


图 3－14 纵、横向进给量

根据进给方向不同：进给量又分为纵向进给量（沿车床床身导轨方向的进给量）和横向进给量（垂直于车床床身导轨方向的进给量）。

3. 切削速度 $v_c$

车削时，刀具切削刃上某个选定点相对于工件待加工表面在主运动方向上的瞬时速度，称为切削速度。也可以理解为车刀在 1min 内车削工件表面的理论展开直线长度（假定切削没有变形或收缩），单位为 m/min，如图 3－15 所示。

计算公式如下：

$$v_c=\frac{\pi dn}{1000}\approx\frac{dn}{318} \qquad (3-2)$$

式中：$v_c$ 为切削速度（m/min）；$d$ 为工件（或刀具）的直径（mm），一般取最大直径；$n$ 为车床主轴转速（r/min）。

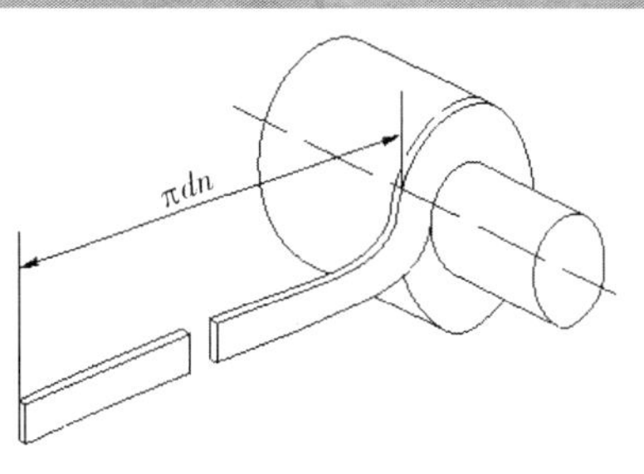


图 3－15　切削速度示意图

例 3－2　车削直径为 $\phi$45mm 的工件的外圆，选定的车床主轴转速为 600r/min，求切削速度。

解：根据式（3－2）

$$v_c=\frac{\pi dn}{1000}=\frac{3.14\times45\times600}{1000}\text{m/min}=84.78\text{m/min}$$

在实际生产中，往往是已知工件直径，根据工件材料、刀具和加工要求等因素选定切削速度，再换算成车床主轴转速，以便调整车床。

### 3.2.3　工件安装

在车床上安装工件，要求定位准确，即被加工表面的回转中心与车床主轴的轴线重合，夹紧可靠，能承受合理的切削力，保证工作时安全，使加工顺利，达到预期的加工质量。在车床上常用于装夹工件的附件有：三爪自定心卡盘、四爪单动卡盘、顶尖、心轴、中心架、跟刀架、花盘和弯板等。但尤以三爪自定心卡盘为多见，本实例就以该种卡盘为例说明工件安装的过程。

使用三爪卡盘装夹工件的步骤如下：

（1）将毛坯轻轻夹持在三个爪之间；

（2）使主轴低速回转，检查工件有无偏摆，若出现偏摆则在停车后用小锤轻敲校正，然后夹紧工件；

（3）检查刀架是否与卡盘或工件在切削行程内有碰撞，并注意每次使用卡盘扳手后及时取下扳手，以免开车时飞出伤人。

### 3.2.4　45°、90°外圆车刀的装夹和应用

在方刀架上安装车刀必须注意以下几点：

（1）车刀刀尖应与车床的主轴轴线等高，否则前后角均发生变化，如图 3－16（a）所示。

（2）车刀刀杆应与车床主轴轴线垂直，否则主、副偏角均发生变化；在车平面至中心时会留有凸头或造成刀尖碎裂，如图 3－16（b）、（c）所示。

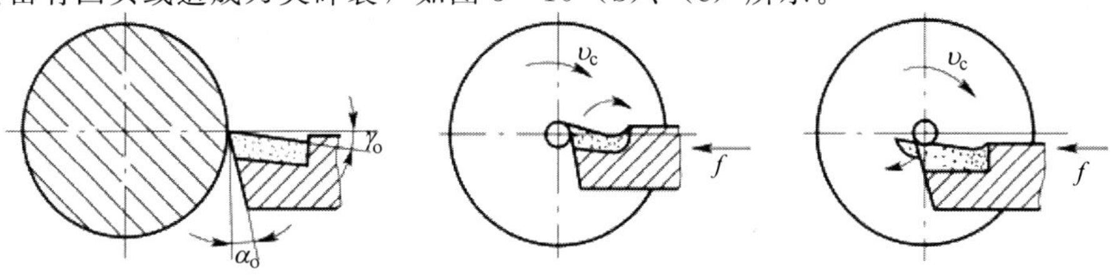


图 3－16　车刀装夹应对准中心

（a）正确；（b）刀高；（c）刀低

(3) 车刀伸出长度不能太长，在不影响观察的前提下应尽量短，约为刀杆厚度的1～1.5倍。伸出过长，刚性变差，车削时容易产生振动。

(4) 刀杆下的垫片应平整稳定，并尽量用厚垫片，以减少垫片叠加数目，从而减少安装误差。

(5) 车刀至少要用两个螺钉压紧在刀架上，并交替逐个拧紧。

(6) 90°车刀的使用，要考虑粗、精车，精车时主偏角的角度为90°～93°（图3－17）。

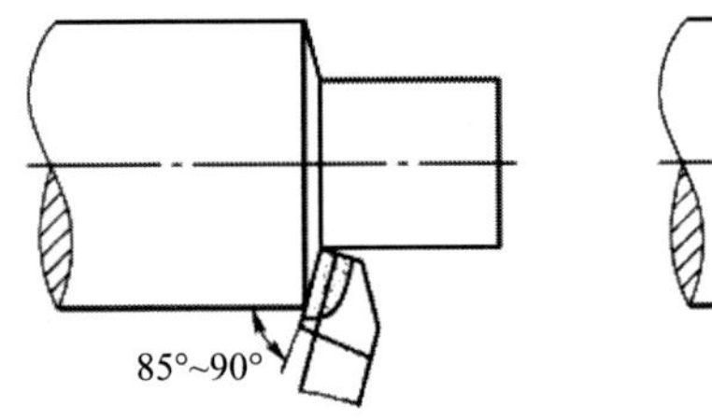


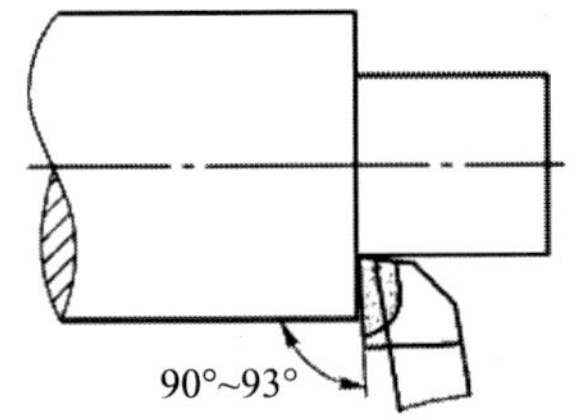


图3－17　车刀的使用
(a) 粗车；(b) 精车

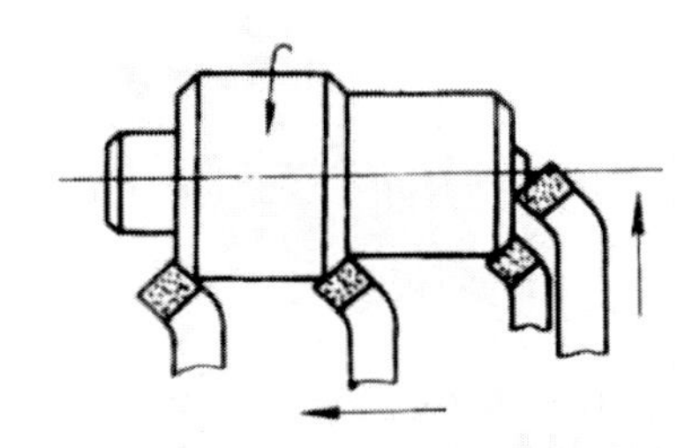

图3－18　45°外圆车刀的用法

(7) 45°外圆车刀有两个刀尖，前端一个刀尖通常用于车工件外圆，左侧另一个刀尖通常用于车平面。主、副刀刃在需要时可用于倒角，如图3－18所示。

### 3.2.5　粗车和精车

(1) 粗车：把毛坯上的多余部分，也就是加工余量，尽快地车去，这时不要求工件达到图样要求的尺寸精度和表面粗造度。

(2) 精车：把工件上经过粗车后留有的少量余量车去，使工件达到图样或工艺上规定的尺寸精度和表面粗糙度。

### 3.2.6　用手动进给车外圆、平面和倒角

(1) 车平面的方法：开动车床使工件旋转，移动小滑板或床鞍控制吃刀量，摇动中滑板进给车削至中心或由工件中心向外车削。

(2) 车外圆的方法。①对刀：启动车床，使工件回转。左手摇动床鞍手轮，右手摇动中滑板手柄，使车刀刀尖趋近并轻轻接触工件待加工表面，以此作为切削深度的零点位置。然后反向摇动床鞍手轮（此时中滑板手柄不动），使车刀向右离开工件3～5mm，如图3－19 (a)、(b) 所示。②进刀：摇动中滑板手柄，使车刀横向进给，进给的量即为切削深度，其大小通过中滑板上的刻度盘进行控制和调整［图3－19 (c)］。③试切削：试切削的目的是控制切削深度，保证工件的加工尺寸。车刀在进刀后，纵向进给切削工件2mm左右时，纵向快速退出车刀，如图3－19 (d) 所示，停车测量。根据测量结果，

相应调整切削深度，直至试切测量结束，如图 3—19（e）、（f）所示。

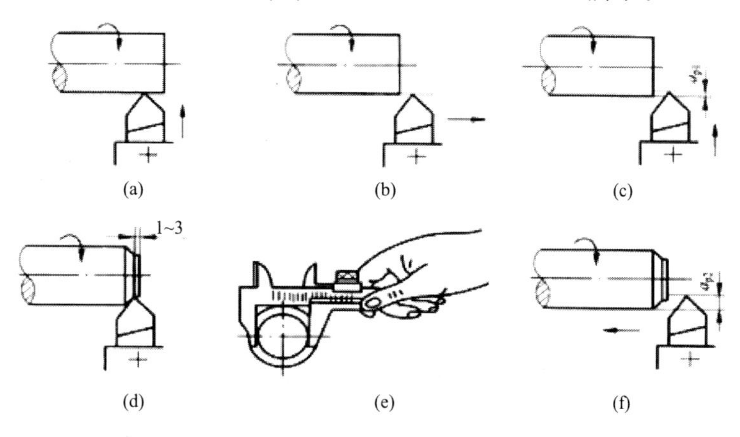


**图 3—19　试切方法和步骤**

（a）开车对刀，使车刀与工件表面轻微接触；（b）向右退出车刀；（c）横向进刀 $\alpha_{p1}$；

（d）切削 2mm 左右；（e）退刀，停车测量；（f）如果尺寸不到，再进刀 $\alpha_{p2}$：

（3）为了确保外圆的车削长度，通常采用刻线痕法如图 3—20 所示，即在车削前根据需要的长度，用钢直尺、样板、卡钳及刀尖在工件表面刻一条线痕，然后根据线痕进行车削。当车削完毕再用钢直尺、三用游标卡尺、深度游标卡尺等进行测量。

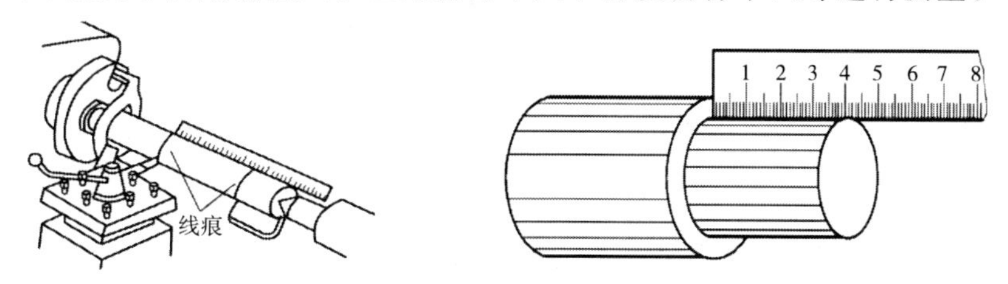


**图 3—20　刻线痕法控制台阶长度及钢直尺测量**

（4）倒角：当平面、外圆车削完毕，移动刀架、使车刀的切削刃与工件的外圆成 45°夹角，移动床鞍至工件的外圆和平面的相交处进行倒角，所谓 1×45°是指倒角在外圆上的轴向距离为 1mm。

### 3.2.7　刻度盘的计算及应用

（1）床鞍刻度盘（表 3—1）。

（2）中滑板刻度盘。

（3）小滑板刻度盘。

表 3－1　车床刻度盘的使用

| 刻度盘 | 度量移动的距离 | 手动时操作 | 机动时操作 | 整圈格数/格 | 车刀移动距离/（mm/格） |
|---|---|---|---|---|---|
| 床鞍刻度盘 | 纵向移动距离 | 床鞍手轮 | 机动进给手柄及快速移动按钮 | 300 | 1 |
| 中滑板刻度盘 | 横向移动距离 | 中滑板手柄 | | 100 | 0.05 |
| 小滑板刻度盘 | 纵向移动距离 | 小滑板手柄 | 无机动进给 | 100 | 0.05 |

### 3.2.8　操作提示

车削工件时，通常利用中滑板或小滑板上的刻度盘进行操纵，如图 3－21（a）所示。

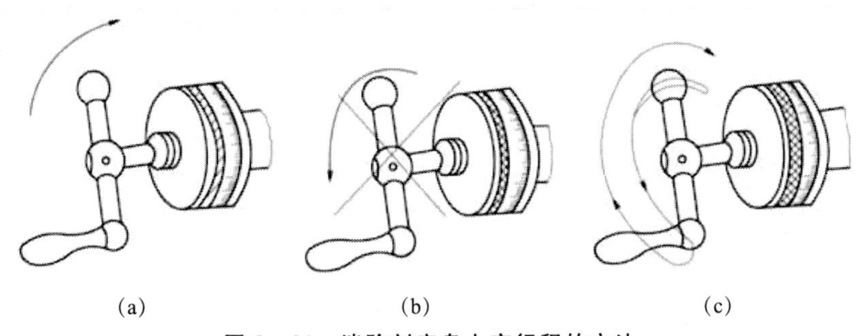


图 3－21　消除刻度盘上空行程的方法

中滑板的刻度盘装在横向进给的丝杠上，当摇动横向进给丝杠转一圈时，刻度盘也转了一圈。这时固定在中滑板上的螺母就带动中滑板、车刀移动一个导程。如果横向进给丝杠导程为 5mm，刻度盘分为 100 格，当摇动进给丝杠一周时，中滑板就移动 5mm，当刻度盘转过一格时，中滑板移动量为 5mm÷100＝0.05mm。

使用刻度盘时，由于螺杆和螺母之间配合往往存在间隙，因此会产生空行程［即刻度盘转动而滑板并未移动，见图 3－21（b）］。所以，使用时要准确地把刻线转到所需要的格数，一旦转过了，如果刻度盘多转动了几格，绝不能简单地退回，如图 3－21（c）所示，而必须向相反方向退回全部空行程（通常反向转动 1/2 圈），再转到所需要的刻度位置。但需注意，中滑板刻度的吃刀量应使工件余量尺寸的 1/2。

### 3.2.9　任务实施

1. 准备工作

（1）工件安装。

（2）45°、90°车刀安装。

（3）准备钢板尺、游标卡尺（0～150mm）、找正盘、毛刷、棉纱、内六方扳手、活扳手（或呆扳手）、螺丝刀等。

2. 加工步骤

（1）用卡盘夹住工件外圆长 50mm 左右，找正夹紧。

（2）粗车平面及外圆 $\phi 44$ 长 60mm（留精车余量）。

（3）精车平面及外圆 $\phi 43_{-0.39}$，长 60mm，倒角 1×45°。

（4）检查卸件。

3. 评分标准

评分标准见表 3－2。

**表 3－2　评分标准**

| 序号 | 考核项目 | 考核内容及要求 | 配 分 | 评 分 标 准 | 检测结果 | 得　分 |
|---|---|---|---|---|---|---|
| 1 | 平面 | 中心是否有凸头 | 10 | 不符合要求不得分 | | |
| 2 | 外圆 | $\phi 44_{-0.62}$ | 30 | 超差不得分 | | |
| 3 | | $\phi 43_{-0.39}$ | 30 | 超差不得分 | | |
| 4 | 长度 | 60 | 10 | 超差不得分 | | |
| 5 | 倒角 | 1×45° | 10 | 超差不得分 | | |
| 6 | 表面粗糙度 | $Ra \leqslant 6.3\mu m$（2 处） | 10 | 不符合要求不得分 | | |
| 备注 | | | | | | |

### 3.2.10　任务评价

任务评价见表 3－3。

**表 3－3　任务评价表**

| 项目 | 自我评价（分） | | | 小组评价（分） | | | 教师评价（分） | | |
|---|---|---|---|---|---|---|---|---|---|
| | 10～9 | 8～6 | 5～1 | 10～9 | 8～6 | 5～1 | 10～9 | 8～6 | 5～1 |
| | 占总评 10% | | | 占总评 30% | | | 占总评 60% | | |
| 手动进给车外圆和平面 | | | | | | | | | |
| 工作态度 | | | | | | | | | |
| 学习主动性 | | | | | | | | | |
| 纪律观念 | | | | | | | | | |
| 协作精神 | | | | | | | | | |
| 工作质量 | | | | | | | | | |
| 小计 | | | | | | | | | |
| 总评 | | | | | | | | | |

## 思考与练习

1. 简述切削用量三要素的选择方法。

2. 简述怎样正确装夹车刀。

3. 简述试切试测的方法。

# 3.3　机动进给车外圆、端面并调头接刀

**学习目标**

1. 练习机动进给车外圆和平面的方法。
2. 练习用量具在实物上测量。
3. 会用划线盘找正工件并不断巩固提高。
4. 掌握调整机动进给手柄位置的方法。
5. 练习接刀车削外圆和控制两端平行度的方法。

## 3.3.1　任务和分析

（1）明确任务——车外圆、端面和台阶，如图 3—22 所示。

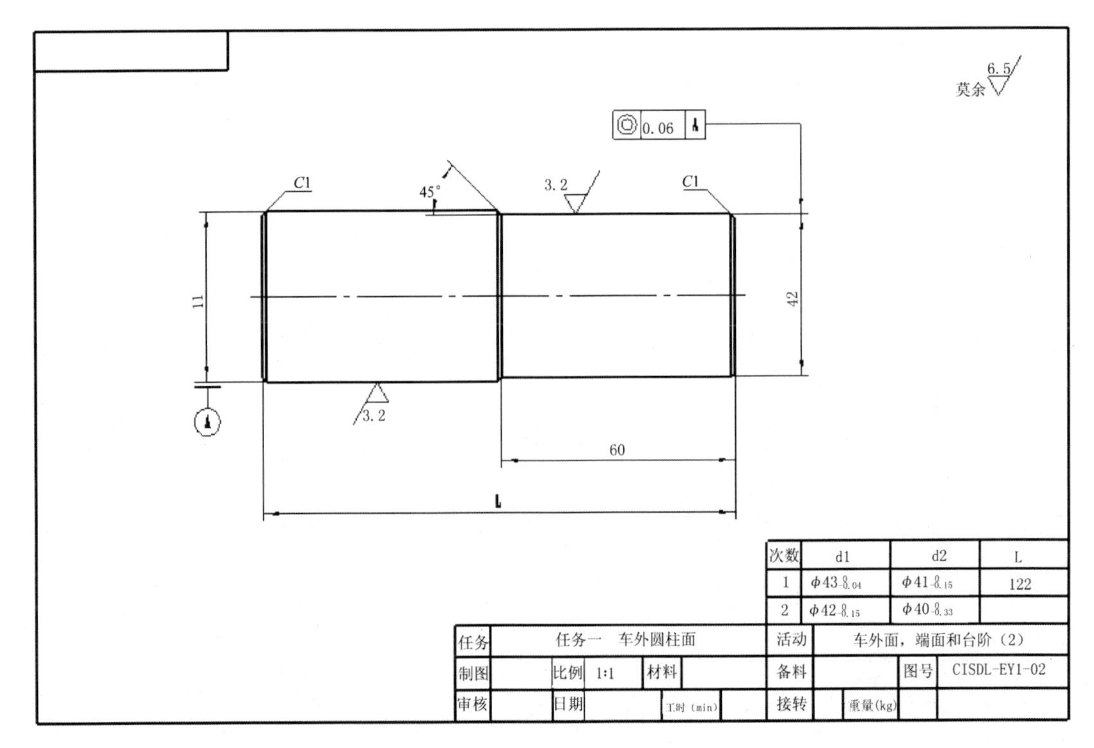


**图 3—22　车外圆、端面和台阶**

（2）接刀练习（图 3—23）。

（3）工艺分析：接上次练习，车另一端面，控制长度尺寸，按基准面严格找正，再多次练习机动进给车至图样尺寸；然后进行接刀练习，严格找正。

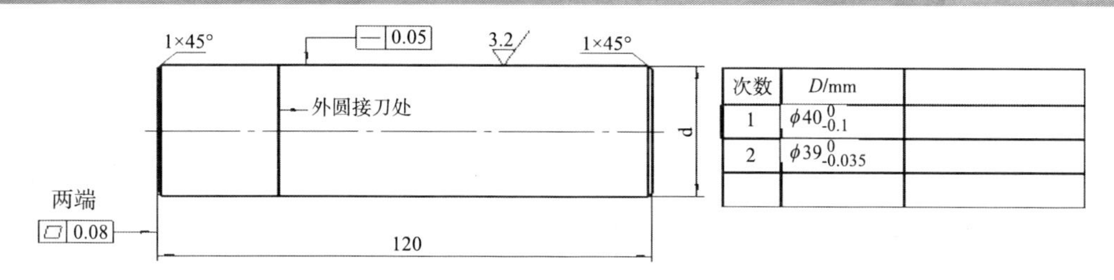


| 次数 | D/mm | |
|---|---|---|
| 1 | $\phi40^{0}_{-0.1}$ | |
| 2 | $\phi39^{0}_{-0.035}$ | |
| | | |

图 3－23　外圆接刀

### 3.3.2　相关理论

工件来料长度余量较少或一次装夹不能完成切削的光轴，通常采用掉头装夹，再用接刀法车削。调头接刀车削工件，一般表面有接刀痕迹，有损质量和美观。在加工条件许可的情况下，一般不采用此法。但由于找正工件是车工的基本功，因此必须认真练习。

机动进给与手动进给相比有许多优点，如省力、进给均匀、加工后工件表面粗糙度值较手动进给小等。但机动进给是机械传动，操作者对车床手柄位置必须相当熟悉，否则在紧急情况下容易损坏机床或工件。试用机动进给车削工件的过程如下。

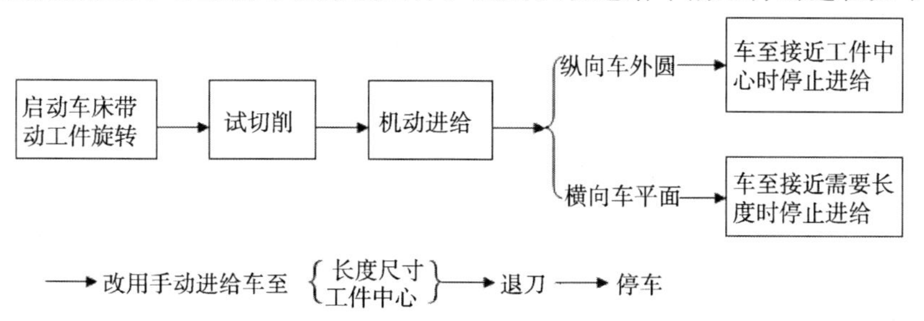


1. 接刀工件的装夹找正和车削方法

每当接刀工件装夹时，找正必须严格要求，否则会造成表面接刀偏差，直接影响工作质量。为保证接刀质量，通常要求在车削工件的第一头时，车的稍长一些调头装夹时，两点间的找正距离应大一些，如图 3－24（a）所示。

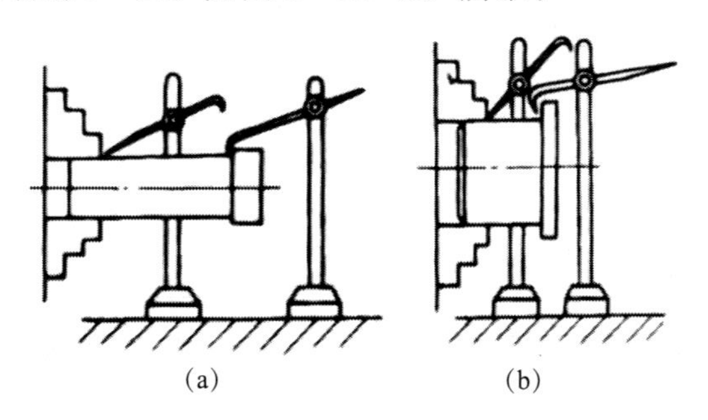


图 3－24　工件调头找正

2. 控制工件两端平行度的方法

找正工件两端平行度的方法是：以工件先车削的一端外圆和台阶平面为基准，用划线盘找正，如图 3－24（b）所示。找正过程中应用铜棒敲击，逐次找正。

### 3.3.3 任务实施

1. 准备工作

查阅资料；熟悉 CA6140 机床的进给手柄、外圆车刀（90°车刀）。

2. 加工步骤

（1）用三爪卡盘夹住外圆长 30mm 左右找正夹紧，粗、精车平面及外圆，使外圆尺寸符合要求。

（2）倒角 1×45°。

（3）调头夹住外圆长 30mm 左右找正。

（4）粗、精车平面及外圆，使总长达到尺寸要求；粗、精车外圆至接刀处，使外圆尺寸符合要求，并倒角 1×45°。

（5）检查质量合格后取下工件。

其余各次车削步骤同上。

注意事项：①初学使用机动进给车削，注意力要集中，以防拖班等碰撞。②粗车切削力较大，工件易发生移位，在精车接刀前应进行一次复查。精车的最后一次进给，可用反进给切削（由车头向尾架方向进刀）。③车加大直径的工件时，平面易产生凹凸，应随时用钢直尺检查。④为了保证工件质量，调头装夹时要求垫铜皮。

3. 评分标准

（1）机动进给车外圆、端面，见表 3—4。

**表 3—4 机动进给车外圆、端面相关参数**

| 序号 | 考核项目 | 考核内容及要求 | 配分 | 评分标准 | 检测结果 | 得分 |
|---|---|---|---|---|---|---|
| 1 | 端面 | 中心是否有凸头 | 10 | 不符合要求不得分 | | |
| 2 | 外圆 | $\phi 43^{0}_{-0.25}$、$\phi 41^{0}_{-0.25}$ | 20 | 超差不得分 | | |
| | | $\phi 42^{0}_{-0.25}$、$\phi 40^{0}_{-0.25}$ | 20 | 超差不得分 | | |
| 3 | 长度 | 122 | 10 | 超差不得分 | | |
| | | 121 | 10 | 超差不得分 | | |
| 4 | 倒角 | 1×45° | 10 | 不符合要求不得分 | | |
| 5 | 表面粗糙度 | $Ra \leqslant 3.2\mu m$（2 处） | 10 | 不符合要求不得分 | | |
| 6 | 形位公差 | ◎ 0.06 A | 10 | 不符合要求不得分 | | |
| 备注 | | | | | | |

（2）调头接刀相关参数见表3－5。

**表3－5　调头接刀相关数据**

| 序号 | 考核项目 | 考核内容及要求 | 配分 | 评分标准 | 检测结果 | 得分 |
|---|---|---|---|---|---|---|
| 1 | 平面 | 中心是否有凸头 | 10 | 不符合要求不得分 | | |
| 2 | 外圆 | $\phi39_{0.25}\ \phi38_{-0.15}$ | 30 | 超差不得分 | | |
| 4 | 长度 | 121±0.70 | 10 | 超差不得分 | | |
| | | 120±0.70 | 10 | 超差不得分 | | |
| 5 | 倒角 | 1×45° | 10 | 不符合要求不得分 | | |
| 6 | 表面粗糙度 | $Ra\leqslant6.3\mu m$（3处） | 10 | 不符合要求不得分 | | |
| 7 | 形位公差 | — 0.05 | 10 | 不符合要求不得分 | | |
| 8 | | ▱ 0.08 | 10 | 不符合要求不得分 | | |
| 备注 | | | | | | |

### 3.3.4　任务评价与分析

**任务评价表**

班级＿＿＿＿＿＿＿学生姓名＿＿＿＿＿＿学号＿＿＿＿

| 项目 | 自我评价（分） | | | 小组评价（分） | | | 教师评价（分） | | |
|---|---|---|---|---|---|---|---|---|---|
| | 10～9 | 8～6 | 5～1 | 10～9 | 8～6 | 5～1 | 10～9 | 8～6 | 5～1 |
| | 占总评10% | | | 占总评30% | | | 占总评60% | | |
| 车外圆、端面和台阶 | | | | | | | | | |
| 工作态度 | | | | | | | | | |
| 学习主动性 | | | | | | | | | |
| 纪律观念 | | | | | | | | | |
| 协作精神 | | | | | | | | | |
| 工作质量 | | | | | | | | | |
| 小计 | | | | | | | | | |
| 总评 | | | | | | | | | |

任课教师：　　　　年　月　日

## 思考与练习

1. 机动进给车外圆和平面的方法是什么？

2. 用划线盘找正工件的技巧是什么？

3. 调整机动进给手柄位置的方法是什么？

## 3.4　刃磨45°、90°外圆车刀的断屑槽

**学习目标**

1. 了解前角和断屑槽的作用。
2. 掌握前角和断屑槽的选择方法。
3. 掌握前角和断屑槽的刃磨方法。

明确任务——刃磨45°、90°外圆车刀的断屑槽（图3—25）。

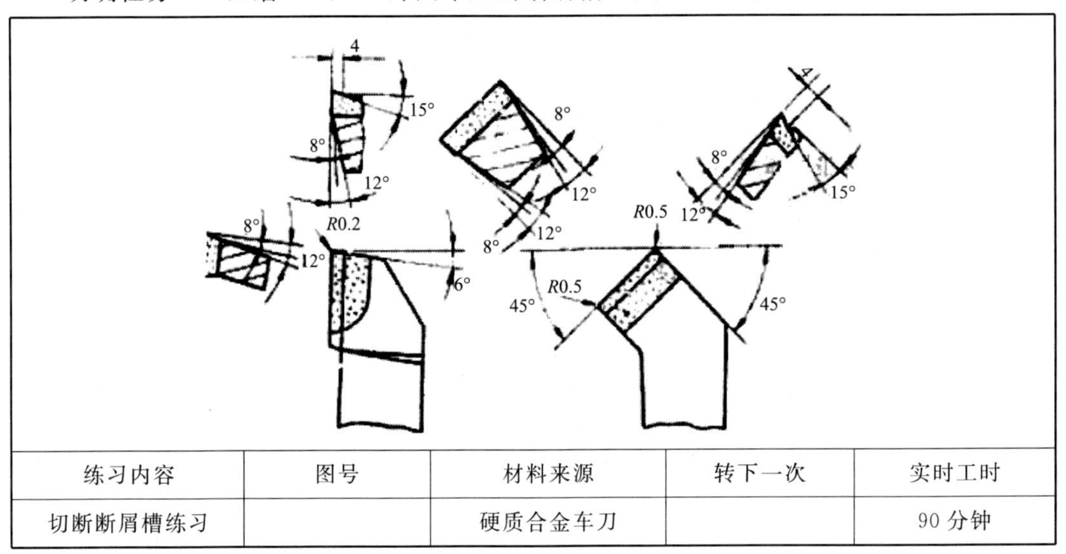


| 练习内容 | 图号 | 材料来源 | 转下一次 | 实时工时 |
| --- | --- | --- | --- | --- |
| 切断断屑槽练习 | | 硬质合金车刀 | | 90分钟 |

图3—25　断屑槽

### 3.4.1　相关理论

刃磨前角的目的，是使车刀锋利，切削省力，减少刀具前面与切屑的摩擦和切屑变形。而断屑槽的作用是使切屑本身产生内应力，强迫切屑变形而折断。

1. 前角的选择

对于塑性或软材料的工件，应选择较大的前角。对于脆性或较硬材料的工件，可以取较小的前角。

粗车时，切削深度和进给量大，为了保证刀具具有足够的强度，应取较小的前角。

精车时，切削深度和进给量小，为了保证工件表面质量，应取较大的前角。

高速钢车刀韧性好、耐冲击，可取较大的前角。硬质合金韧性差、不耐冲击，应取较小的前角。有时为了增加硬质合金车刀的强度，可以采用刃磨负倒棱或负前角。

2. 断屑槽对切屑的影响

在车塑性材料时，解决断屑是一个突出的问题。如果切屑连绵不断，呈带状缠绕在工件或车道刀上，将会影响正常的切削，易损坏车刀、拉毛工件表面，还易产生事故。所以必须根据切削用量、工件材料和切削要求，在刀具上磨出尺寸、形状不同的断屑

槽，达到断屑的目的。

3. 断屑槽的种类

断屑槽有直线形［图 3－26（a）］和圆弧形［图 3－26（b）］两种。圆弧形断屑槽一般前角较大，适宜于车较软的塑性材料。直线形断屑槽一般前角较小，适宜于较硬的材料和粗加工。

断屑槽的宽窄对切屑的影响：①断屑槽过宽，一般会造成切屑自由流窜，不受断屑槽的控制，因而不能断屑。再加大背吃刀量和进给量，才有可能断屑。②断屑槽过窄，一般会使切屑挤在槽里互相撞击或不起作用。即使断屑，也容易划伤工件表面。只有减少进给量，才有可能断屑。

上述情况说明，断屑槽的宽窄不仅与材料有关，而且还与背吃刀量、进给量等因素有关。

4. 断屑槽的刃磨方法

刃磨断屑槽时，必须先把砂轮的外圆与平面之间的交角做相应的修整。刃磨时刀头向上，车刀的前面应与砂轮的外圆呈一个夹角。这一个夹角在断屑槽磨成时就构成了前角。刃磨时的起点位置，应离主切削刃 2～3mm。以 90°外圆车刀为例，左手大拇指和食指握刀头的上部，右手握刀杆的下部，车刀前面接触砂轮的左侧，并沿导杆方向上下缓慢移动进行刃磨。刃磨姿势及方法如图 3－27 所示。

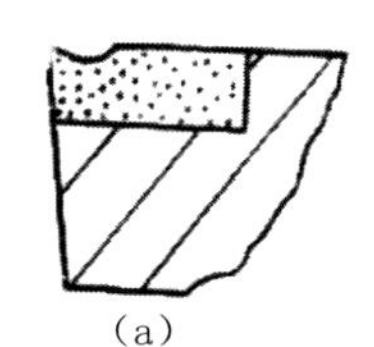
(a)

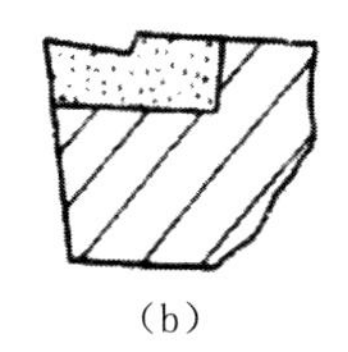
(b)

**图 3－26　断屑槽的两种形式**

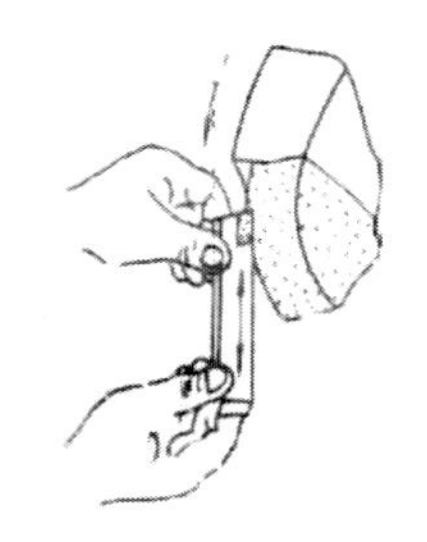

**图 3－27　磨断屑槽的方法**

### 3.4.2　任务实施

1. 看实习图和确定刃磨步骤

（1）粗磨主后面和副后面。

（2）粗、精磨前面。

（3）粗、精磨前角和断屑槽。

（4）精磨主后面和副后面。

（5）修磨刀尖。

2. 容易产生的问题和注意事项

（1）刃磨断屑槽时，易先用旧刀练习。

（2）断屑槽磨得要均匀，防止将沟槽磨斜。

（3）要防止将前角磨塌。

（4）由于车刀和砂轮接触时容易打滑，必须注意安全。

（5）刃磨后，要正确的使用油石修整刀刃。

3. 评分标准（表 3—6）

表 3—6 评分标准

| 序号 | 考核内容及要求 | 配分 | 评分标准 | 检测结果 | 得分 |
|---|---|---|---|---|---|
| 1 | 前角 | 12 | 不符要求不得分 | | |
| 2 | 主后角 | 12 | 不符要求不得分 | | |
| 3 | 副后角 | 12 | 不符要求不得分 | | |
| 4 | 主偏角 | 12 | 不符要求不得分 | | |
| 5 | 副偏角 | 12 | 不符要求不得分 | | |
| 6 | 刀尖倒角 | 5 | 不符要求不得分 | | |
| 7 | 切削刃平直度 | 10 | 不符要求不得分 | | |
| 8 | 三个刀面粗糙度 | 10 | 不符要求不得分 | | |
| 9 | 断屑槽 | 15 | 不符要求不得分 | | |
| 备注 | | | | | |

### 3.4.3 任务评价与分析

任务评价表

班级________学生姓名________学号________

| 项　　目 | 自我评价（分） | | | 小组评价（分） | | | 教师评价（分） | | |
|---|---|---|---|---|---|---|---|---|---|
| | 10～9 | 8～6 | 5～1 | 10～9 | 8～6 | 5～1 | 10～9 | 8～6 | 5～1 |
| | 占总评 10% | | | 占总评 30% | | | 占总评 60% | | |
| 手动进给车外圆和平面 | | | | | | | | | |
| 工作态度 | | | | | | | | | |
| 学习主动性 | | | | | | | | | |
| 纪律观念 | | | | | | | | | |
| 协作精神 | | | | | | | | | |
| 工作质量 | | | | | | | | | |
| 小计 | | | | | | | | | |
| 总评 | | | | | | | | | |

任课教师：　　　年　月　日

思考与练习

1. 简述前角和断屑槽的作用。

2. 简述前角和断屑槽的选择方法。

3. 简述前角和断屑槽的刃磨方法。

## 3.5　车台阶工件

**学习目标**

1. 能合理选用车台阶轴用的车刀。
2. 了解台阶工件的技术要求。
3. 掌握两顶尖装夹台阶轴。
4. 掌握车台阶工件的方法。

### 3.5.1　任务与分析

（1）明确任务——用两顶尖车削台阶轴（图 3－28）。

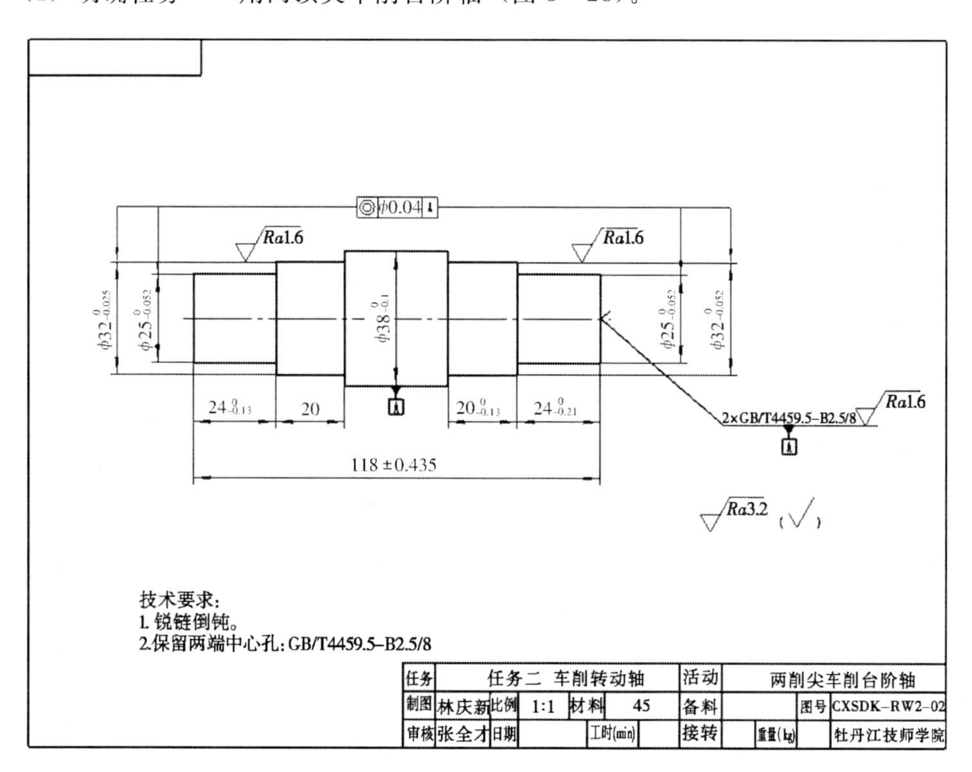


**图 3－28　两顶尖车削台阶轴**

（2）工艺分析：车削轴类工件，如果毛坯余量较大且不均匀，或精度要求较高，应将粗车和精车分开进行。两端打中心孔，采用两顶尖车削方便且能保证加工精度。

### 3.5.2　相关理论

在同一工件上，有几个直径大小不同的圆柱体连接在一起，其外形像台阶，称为台阶工件。台阶工件的车削，实际就是外圆和平面车削的组合。既要车削好外圆的尺寸精度，还要兼顾台阶长度的要求。

1. 台阶工件的技术要求

台阶工件通常与其他零件结合使用，因此它的技术要求一般有以下几点：①各档外圆之间的同轴度；②外圆和台阶平面之间的垂直度；③台阶和平面的平面度；④外圆和台阶平面相交处的倾角。

2. 车刀的选择和装夹

车削台阶工件通常使用90°和45°外圆车刀。其几何角度一般为主偏角 $\kappa_r \geq 90°$，副偏角 $\kappa_r' \geq 6° \sim 8°$，主、副后角 $a_o' = a_o = 6° \sim 8°$，前角 $\gamma_o$ 根据工件、车刀材料和加工要求来确定。在车削塑性金属材料时，要在车刀的前面刃磨出断屑槽，如图 3－29 所示。

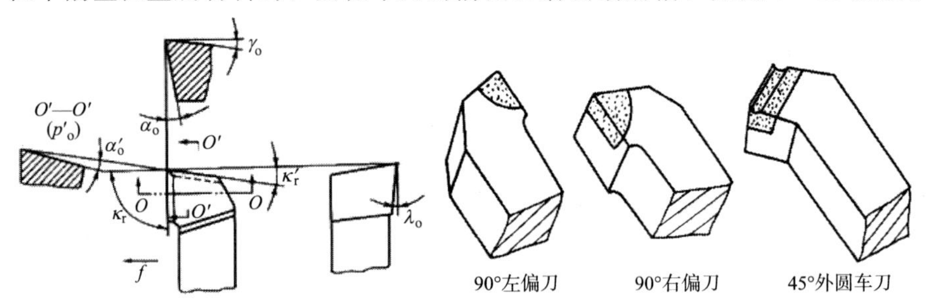


图 3－29　车刀的选择和装夹

车刀的装夹应根据粗精车和加工余量的大小加以区别。粗车时余量多，为了增加切削深度，减少刀尖压力，车刀装夹可以取主偏角小于 90°为宜，一般在 85°～90°之间。精车时为了保证台阶平面与轴线垂直，应取主偏角大于 90°，一般在 93°左右。

3. 车削台阶工件的方法

（1）车削台阶工件一般分粗车和精车进行，粗车时的台阶长度除第一挡的台阶长度略短些（留余量 0.5～1mm）以外，其余各挡可车至要求长度。精车台阶工件时，通常在机动进给精车外圆至接近台阶时，应以手动进给代替机动进给，当接近平面时，变纵向进给为横向进给，移动中滑板由里向外慢慢精车台阶平面以确保台阶平面与轴心线垂直。

（2）工件的装夹找正：三爪卡盘亦称自定心卡盘，所夹持的部位应是定位基准。找正时可以用百分表测被夹持部分伸出端的圆周跳动量，粗加工时可用划针接近该表面，转动卡盘看划针与工件表面的间隙来判断其跳动量。如跳动较大不满足精度要求时，可采取如下方法进行纠正：一是检查卡盘本身与机床主轴的同轴度并重装卡盘或校正卡爪，二是采取在卡爪与工件之间垫铜皮的办法把工件表面的跳动减少到工艺允许范围。如果工件较短或是盘类零件，最好同时采用端面辅助定位。

（3）车削方法：车削两个直径相差不大的台阶时，应选用 90°偏刀，车刀安装后的主偏角必须等于 90°，经一次或两次车削出（如图 3－30）。

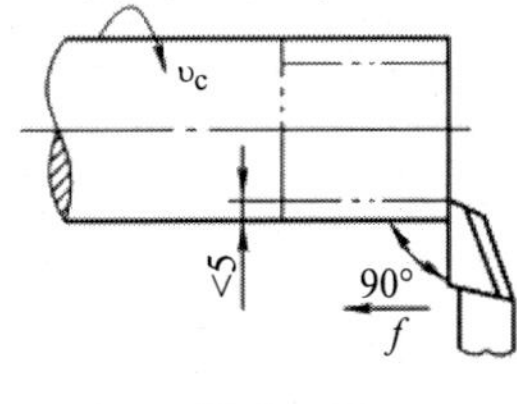


图 3－30

（4）切削用量的选择：粗车时，首先选择一个尽可能大的背吃刀量 $a_p$，其次选择一个较大的进给量 $f$，最后选择一个合理的切削速度 $v_c$；

半精车时 $a_p = 0.5 \sim 2$mm，精车时 $a_p = 0.1 \sim 0.8$mm（数控车选 $a_p = 0.1 \sim 0.5$mm）。进给量的选择主要受表面粗糙度的限制，表面粗糙度值小，$f$ 可选小些。用硬质合金车刀一般采用较高的切削速度（$v_p > 80$m/min）。用高速钢车刀精车时，一般选择较低的切削速度（$v_p <$ 5m/min）。

4. 台阶长度控制的方法

（1）刻线痕法控制台阶长度是先用钢直尺量出阶台的长度，然后用车刀在该长度处轻划出细线，再进行切削（如图3－31）。

（2）用挡铁定位法控制台阶的长度：对于批量生产的阶台轴，为了准确迅速地保证阶台的长度精度，可以采用挡铁定位的方法控制阶台长度，精度可达0.1～0.2mm，可减少测量的时间，提高生产效率（图3－32）。

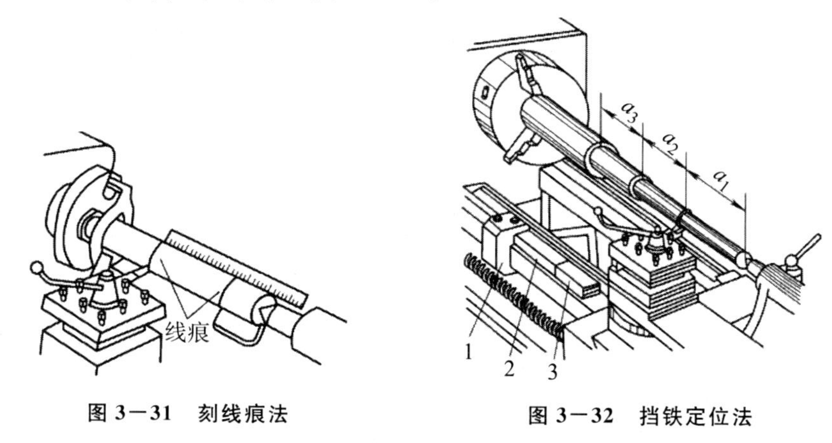


图3－31　刻线痕法

图3－32　挡铁定位法

（3）使用床鞍刻度盘控制阶台长度：移动床鞍使车刀接触工件右端面，把床鞍刻度盘数值调到“0”。然后根据台阶长度，算出刻度盘应转到的位置，进行切削来控制车削长度。

5. 阶台长度的检测方法

测量台阶长度，通常用钢直尺进行。对于精度要求较高的工件可以使用样板、卡钳、游标卡尺和深度游标卡尺进行测量（图3－33）。

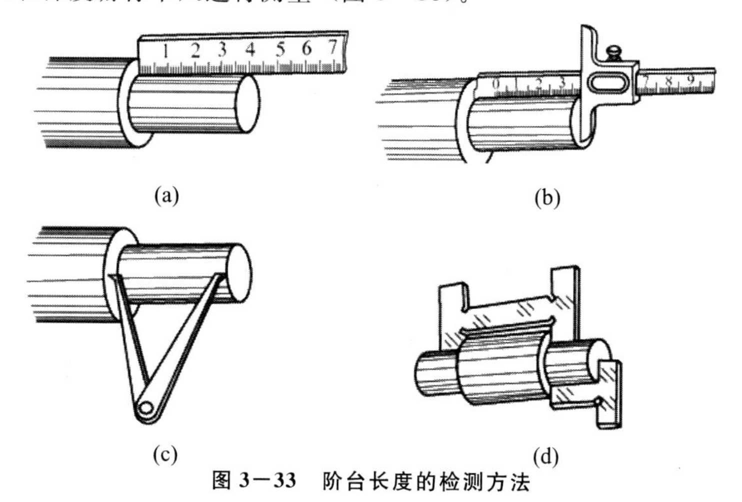


图3－33　阶台长度的检测方法

（a）钢直尺测量；（b）深度游标卡尺测量；（c）卡钳测量；（d）样板测

图 3—34　找正方法

6. 调头找正与车削

根据习惯性的找正方法，要先找正卡爪处的工件外圆，后找正台阶处平面，这样经过多次找正后才能进行车削。

当粗车进行完后，应再次找正，防止粗车时工件发生移位而产生误差（图 3—34）。

### 3.5.3　任务实施

1. 准备工作

准备工具如下：前顶尖、鸡心夹头、后顶尖、0～150mm 的游标卡尺、25～50mm 的千分尺、百分表，装夹 45°车刀和 90°粗、精车刀。

2. 加工步骤

（1）三爪卡盘找正夹紧毛坯约 40mm 长，平端面，打中心孔。

（2）一夹一顶，粗车右端各外圆及台阶。

（3）调头车端面取总长尺寸至 118mm，打中心孔。

（4）车前顶尖圆锥角为 60°，两顶尖粗、精车左端至外圆、台阶尺寸并倒角。

（5）精车头一端至尺寸并倒角。

（6）检验。

注意事项见表 3—7。

表 3—7　注意事项

| | |
|---|---|
| 台阶平面出现凸凹不平 | 车刀装夹主偏角小于 90° |
| | 车削平面时，车刀没有从里到外横向切削 |
| | 车刀的刀架没有压紧，造成车刀移位 |
| 台阶与外圆相交处未清角 | 刀尖圆弧偏大或刀尖磨损 |
| 台阶与工件轴线不垂直 | 装刀不正 |

3. 台阶轴评分标准（表 3—8）

表 3—8　台阶轴评分标准

| 序号 | 考核项目 | 考核内容及要求 | 配分 | 评分标准 | 检测结果 | 得分 |
|---|---|---|---|---|---|---|
| 1 | 外圆 | $\phi25_{-0.052}^{0}$ | 10 | 超差不得分高 | 超差不得分高 | |
| 2 | | $\phi32_{-0.062}^{0}$（两分） | 20 | | | |
| 3 | | $\phi25_{-0.084}^{0}$ | 10 | | | |
| 4 | | $\phi38_{-0.10}^{0}$ | 10 | | | |
| 5 | 长度 | $24_{-0.21}^{0}$ | 10 | | | |
| 6 | | $20_{-0.13}^{0}$ | 10 | | | |
| 7 | | $24_{-0.13}^{0}$ | 10 | | | |
| 8 | 倒角 | $C1$ | 2 | | | |

续表

| 序号 | 考核项目 | 考核内容及要求 | 配分 | 评分标准 | 检测结果 | 得分 |
|---|---|---|---|---|---|---|
| 9 | 表面粗糙度 | *Ra*3.2μm | 5 | | | |
| 10 | 中心孔 | A2.5（两端） | 3 | | | |
| 11 | 形位公差 | ◎ Φ0.04 A | 10 | | | |
| 12 | 备注 | | | | | |

### 3.5.4　任务评价与分析

**任务评价表**

班级＿＿＿＿＿＿学生姓名＿＿＿＿＿＿学号＿＿＿＿

| 项目 | 自我评价（分） | | | 小组评价（分） | | | 教师评价（分） | | |
|---|---|---|---|---|---|---|---|---|---|
| | 10～9 | 8～6 | 5～1 | 10～9 | 8～6 | 5～1 | 10～9 | 8～6 | 5～1 |
| | 占总评10% | | | 占总评30% | | | 占总评60% | | |
| 用两顶尖车削台阶轴 | | | | | | | | | |
| 工作态度 | | | | | | | | | |
| 学习主动性 | | | | | | | | | |
| 纪律观念 | | | | | | | | | |
| 协作精神 | | | | | | | | | |
| 工作质量 | | | | | | | | | |
| 小计 | | | | | | | | | |
| 总评 | | | | | | | | | |

任课教师：　　　年　月　日

1. 如何合理选用车台阶轴用的车刀？

2. 如何台阶工件的技术要求有哪些？

3. 简述两顶尖装夹台阶轴的方法。

4. 简述车台阶工件的方法。

# 任务四　车槽与切断

学习目标

1. 能按照车间安全防护规定穿戴劳保用品，执行安全操作规程，牢固树立正确的安全文明操作意识。
2. 能通过教师讲解、查阅资料了解沟槽的种类和用途。
3. 确定车槽刀的几何参数。
4. 掌握车槽刀的刃磨及装夹方法。
5. 掌握车沟槽的方法。
6. 能进行沟槽的检测及质量分析。
7. 能主动学习，善于总结与反思。
8. 能与他人合作，进行有效的沟通，有团队合作的精神。

## 4.1　切断刀和车槽刀的刃磨

学习目标

1. 了解车槽刀和切断刀的种类和用途。
2. 了解车槽刀和切断刀的组成部分及角度要求。
3. 掌握车槽刀和切断刀的刃磨方法。

### 4.1.1　任务和分析

（1）明确任务——根据图样，刃磨出符合图样要求的车刀（图4－1）。

（2）任务分析——矩形车槽刀和切断刀的几何形状相同，刃磨的方法基本相同，只是刀头部分的宽度和长度有区别。有时车槽刀和切断刀可以通用。车槽和切断是车工的基本操作技能之一，能否掌握好，关键在于车槽刀和切断刀的刃磨。

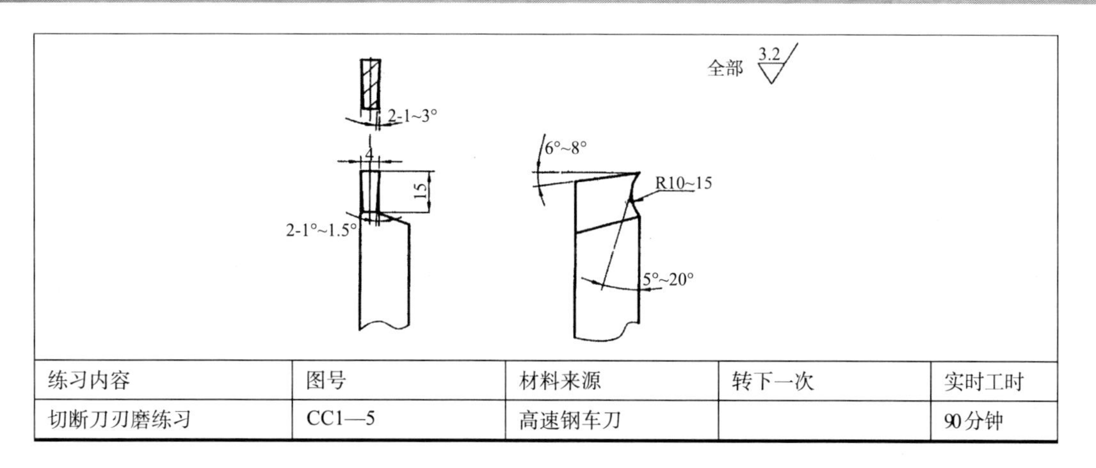


| 练习内容 | 图号 | 材料来源 | 转下一次 | 实时工时 |
| --- | --- | --- | --- | --- |
| 切断刀刃磨练习 | CC1—5 | 高速钢车刀 | | 90分钟 |

图 4—1　切断刀刃磨练习

### 4.1.2　切断刀和车槽刀

1. 高速钢车槽（切断）刀

高速钢车槽（切断）刀的形状如图 4—2 所示。

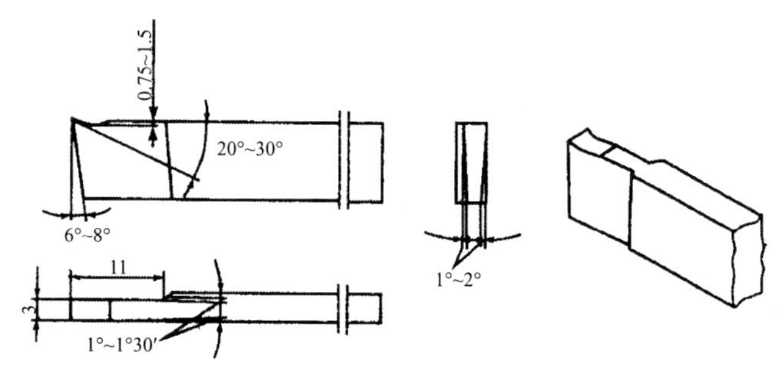


图 4—2　高速钢车槽（切断）刀

2. 硬质合金车槽（切断）刀

图 4—3 所示为硬质合金车槽刀（切断刀），为了增加刀头的支撑刚度，常将车槽（切断）刀的刀头下部做成凸圆弧形。

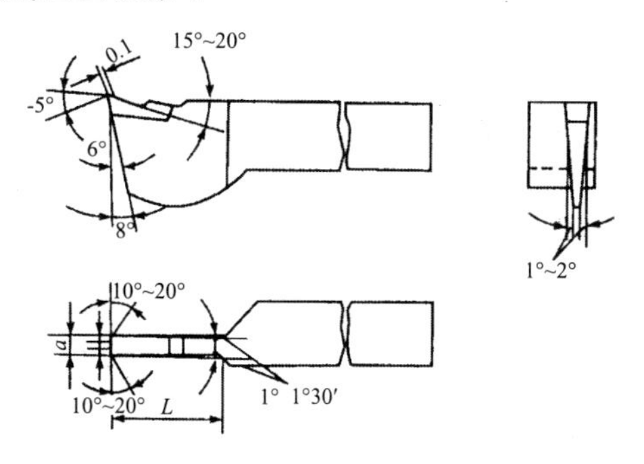


图 4—3　硬质合金车槽（切断）刀

### 4.1.3 高速钢切刀、车槽刀的刃磨

1. 车槽刀的粗磨

粗磨车槽刀选用粒度号为46＃～60＃、硬度为H～K的白色氧化铝砂轮。

1）粗磨两侧副后面

两手握刀，车刀前面向上（图4—4），同时磨出左侧副后角 $\alpha'_0=1°30'$ 和副偏角 $\kappa'_r=1°30'$。

两手握刀，车刀前面向上（图4—5），同时磨出右侧副后角（$\alpha'_0=1°30'$）和副偏角（$\kappa'_r=1°30'$），对于主切削刃宽度，尤其要注意留出0.5mm的精磨余量。

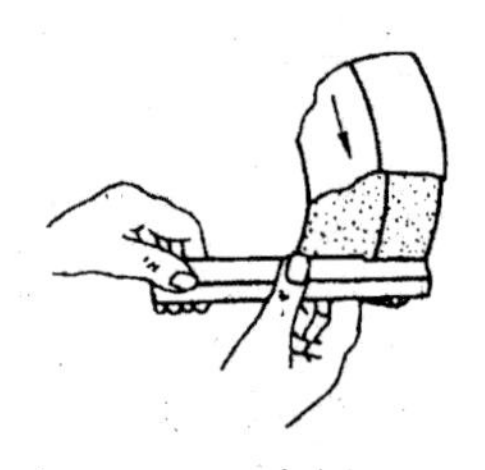

图4—4　刃磨左侧副后面

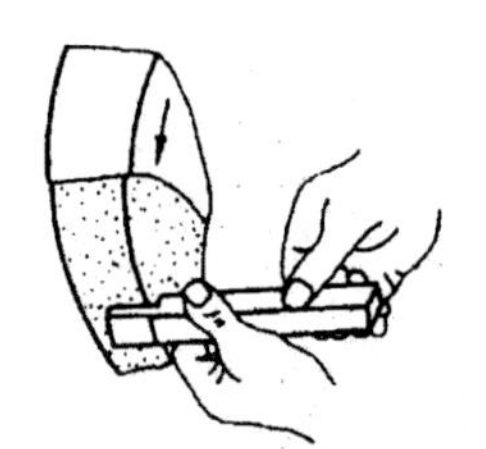

4—5　刃磨右侧副后面

2）粗磨主后面

两手握刀，车刀前面向上（图4—6），磨出主后面，后角 $\alpha'_0=6°$。

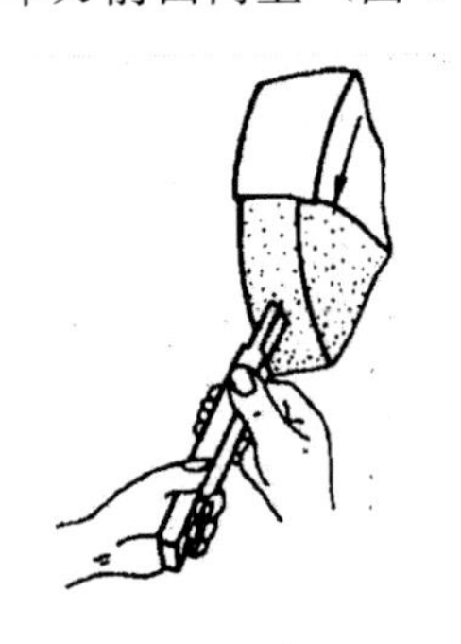

图4—6　刃磨主后面

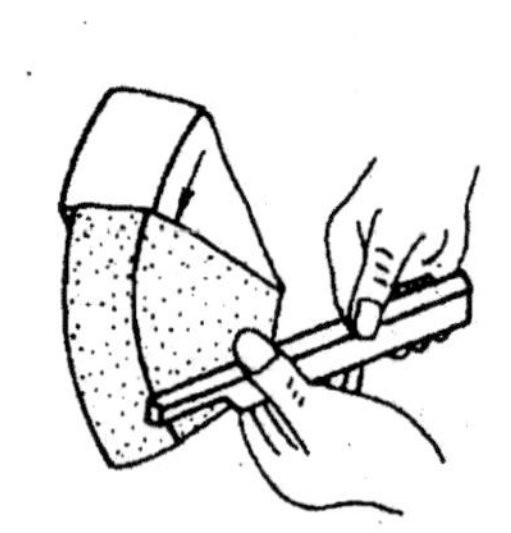

图4—7　刃磨前面

3）粗磨前面

两手握刀，车刀前面对着砂轮磨削表面（图4—7），刃磨前面和前角、卷屑槽，保证前角 $\gamma'_0=25°$。

2. 车槽刀的精磨

精磨选用粒度号为80＃～120＃、硬度为H～K的白色氧化铝砂轮。

（1）修磨主后面，保证主切削刃平直。

（2）修磨两侧副后面，保证两副后角和两副偏角对称，主切削刃宽度 $a=3$mm（工件槽宽）。

（3）修磨前面和卷屑槽，保持主切削刃平直、锋利。

（4）修磨刀尖可在两刀尖上各磨出一个小圆弧过渡刃。

3. 切断刀、车槽刀的刃磨时容易出现的问题

刃磨车槽刀、切断刀时容易出现的问题及正确要求见表 4—1。

**表 4—1　刃磨车槽刀容易出现的问题及正确要求**

| 名称 | 缺陷类型 | 后果 | 正确要求 |
| --- | --- | --- | --- |
| 前面 | 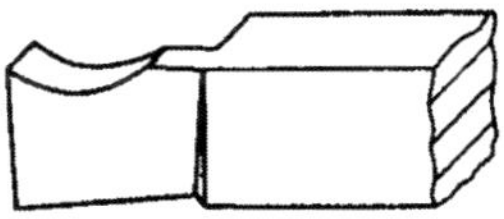 卷屑槽太深 | 刀头强度低，容易造成刀头折断 | 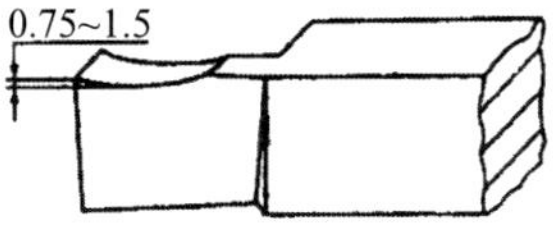 卷屑槽刃磨正确 |
|  | 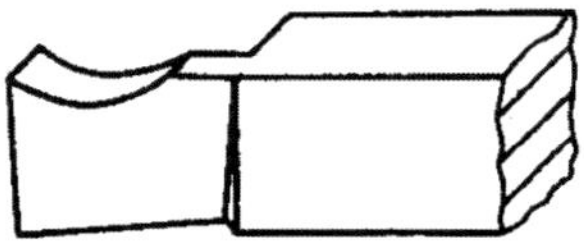 前面被磨低 | 切削不顺畅，排屑困难，切削负荷大，刀头易折断 |  |
| 副后角 | 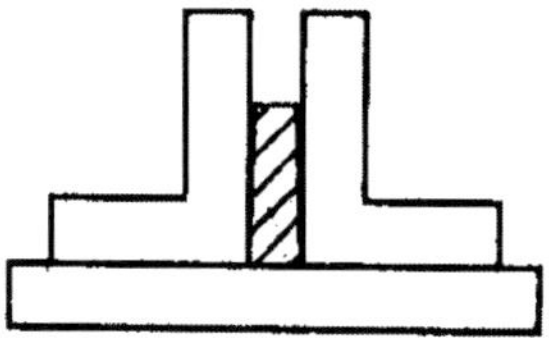 副后角为负值 | 会与工件侧面发生磨擦，切削负荷大 | 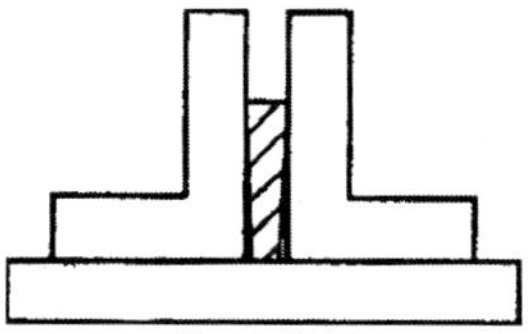 副后角的检查 |
|  | 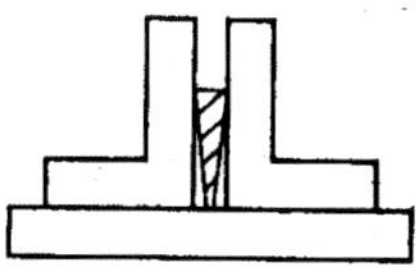  | 刀头强度差，车削时刀头易折断 | 以车刀底面为基准，用钢直尺或角尺检查车槽刀的副后角 |
| 副偏角 |  副偏角太大 | 刀头强度大，容易折断 | 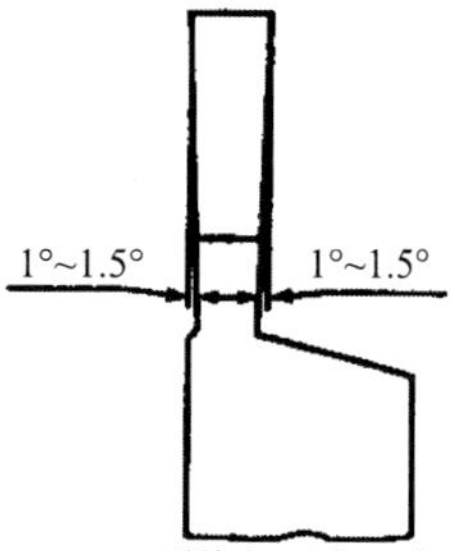 副偏角刃磨正确 |
|  | 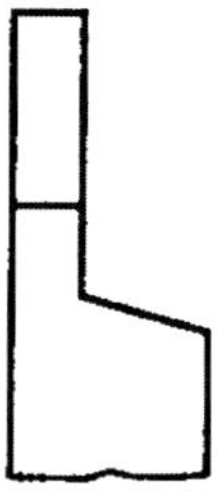 副偏角为负值 | 为能用直进法进行车削，切削负荷大 |  |

续表

| 名称 | 缺陷类型 | 后果 | 正确要求 |
|---|---|---|---|
| 副偏角 | 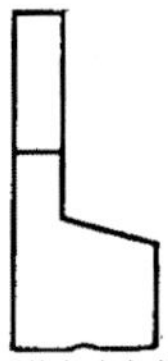 副偏角为负值 | | |
| | 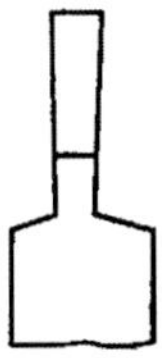 左侧刃磨太多 | 不能车削有高台阶的工件 | |

### 4.1.4 准备工作

（1）刀具：高速钢切断刀。
（2）设备：砂轮机。
（3）量具：0～150mm 游标卡尺、量角器。

### 4.1.5 加工步骤

（1）双手紧握车刀，车刀前面向上，同时磨出左侧副后角 2°～3°和副偏角 1°～2°、右侧副后角 2°～3 和副偏角 1°～2°（刃磨副后角）。

（2）双手握刀，车刀前角向上，同时磨出主后面和主后角 6°～8°，保证主切削刃平直（主后面）。

（3）车刀前面对着砂磨削表面，刃磨前面和前角 5°～20°、卷屑槽。为保护刀尖，可在两刀尖处各磨出一个圆弧过渡刃。

### 4.1.6 实作技巧

因为切断刀和车槽刀的刃磨要比刃磨外圆刀难度大一些，应先用练习刀刃磨，经检查符合要求后，再刃磨正式车刀。同时，刃磨时，通常左侧副后面磨出即可，刀宽的余量应放在车刀右侧磨去。

### 4.1.7 安全注意事项

（1）刃磨高速钢切断刀时，应随时冷却，以防退火。硬质合金刀刃磨时不能水冷却，以防刀片碎裂。
（2）硬质合金车刀刃磨时，不能用力过猛，以防刀片烧结处产生高热脱焊，使刀片碎裂。
（3）刃磨高速钢切断刀时，不可用力过猛，以防打滑伤手。
（4）主刀刃与两侧副刀刃之间应对称平直。

### 4.1.8　评分标准

完成表 4—2。

表 4—2　评分表

| 序号 | 考核内容及要求 | 配分 | 评分标准 | 检测结果 | 得分 |
|---|---|---|---|---|---|
| 1 | 前角 | 12 | | | |
| 2 | 主后角 | 12 | | | |
| 3 | 副后角 | 12 | | | |
| 4 | 主偏角 | 12 | | | |
| 5 | 副偏角 | 12 | | | |
| 6 | 刀尖倒角 | 5 | | | |
| 7 | 切削刃平直度 | 10 | | | |
| 8 | 三个刀面粗糙度 | 15 | | | |
| 9 | 安全文明刃磨 | 10 | | | |
| 合计分数 | | | | | |

## 任务评价与分析

任务评价表

班级________学生姓名________学号________

| 项目 | 自我评价（分） | | | 小组评价（分） | | | 教师评价（分） | | |
|---|---|---|---|---|---|---|---|---|---|
| | 10～9 | 8～6 | 5～1 | 10～9 | 8～6 | 5～1 | 10～9 | 8～6 | 5～1 |
| | 占总评 10% | | | 占总评 30% | | | 占总评 60% | | |
| 切断刀刃磨练习 | | | | | | | | | |
| 工作态度 | | | | | | | | | |
| 学习主动性 | | | | | | | | | |
| 纪律观念 | | | | | | | | | |
| 协作精神 | | | | | | | | | |
| 工作质量 | | | | | | | | | |
| 小计 | | | | | | | | | |
| 总评 | | | | | | | | | |

任课教师：　　　年　月　日

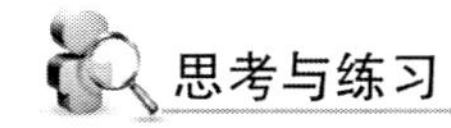

## 思考与练习

1. 高速钢车槽刀和硬质合金车槽刀在刃磨中应注意哪些问题？
2. 车槽刀刃磨的步骤是什么？
3. 简述车刀几何形状刃磨不正确的原因，改进措施有哪些？
4. 掌握车槽刀和切断刀的刃磨方法。

# 4.2 车矩形槽和圆弧形槽

**学习目标**

1. 掌握车槽刀的装夹要求。
2. 掌握车沟槽的方法。
3. 了解车沟槽时可能产生的问题和防止方法。
4. 掌握沟槽的检测方法。

### 4.2.1 任务及分析

（1）明确任务——车矩形槽、圆弧形槽和梯形槽。

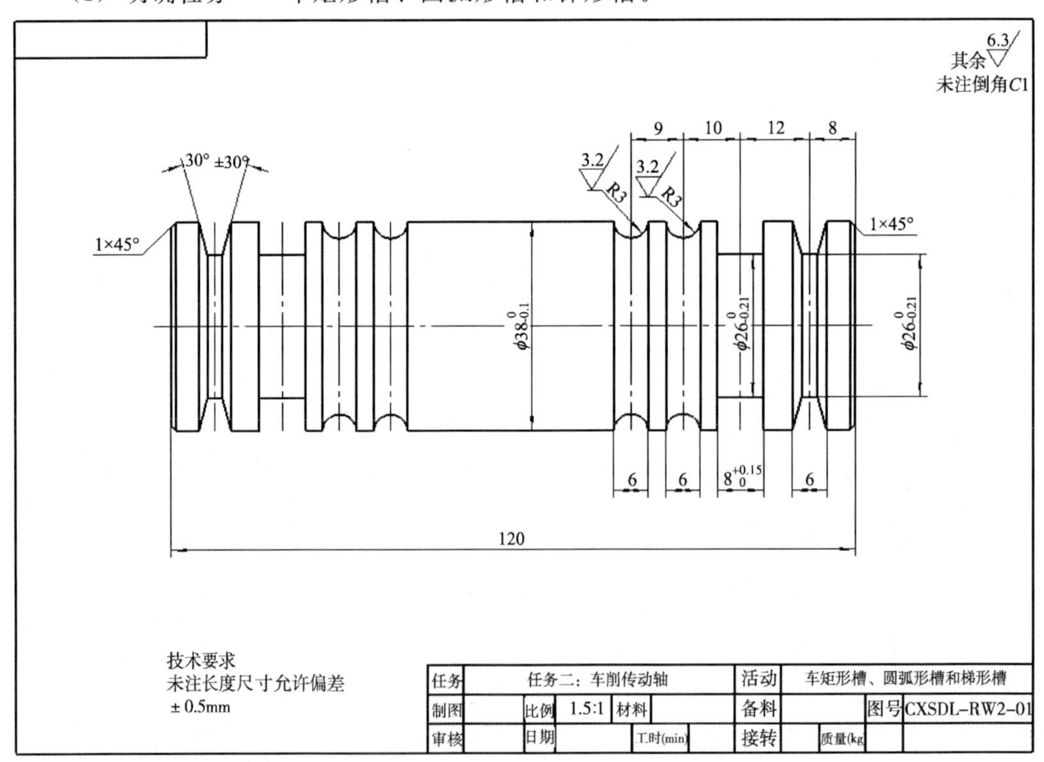


图 4—8 车矩形槽、圆弧形槽和梯形槽

（2）任务分析：用车削方法加工工件的槽称为车槽。本课题主要介绍外圆矩形沟槽的车削方法。车矩形槽的关键是切槽刀、圆弧形车刀、梯形螺纹车刀的几何参数的选择及其切削用量的合理选择。

### 4.2.2 车沟槽

1. 车槽刀的装夹

装夹车槽刀时，除了要符合外圆车刀装夹的一般要求外，还应注意以下几点：

（1）装夹时，车槽刀不宜伸出过长，同时车槽刀的中心线必须与工件轴线垂直，以保证两个副偏角对称；其主切削刃必须与工件轴线平行。装夹车槽刀时，可用 90°角尺检查其副偏角，如图 4－9 所示。

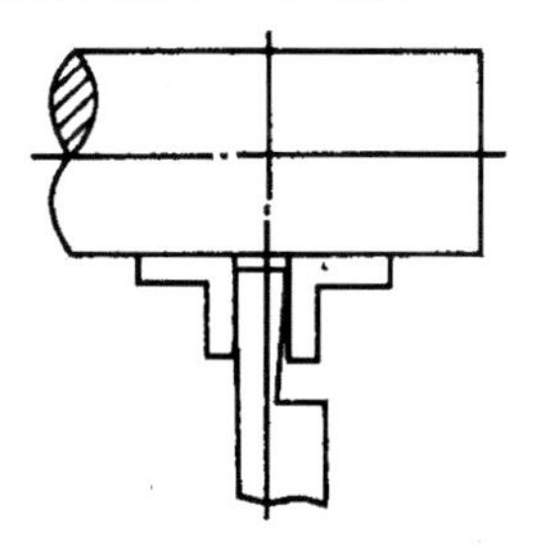

**图 4－9 用 90°角尺检查车槽刀装夹质量**

（2）车槽刀的底平面应平整，以保证两个副后角对称。

2. 车槽时切削用量的选择

（1）背吃刀量 $a_p$，车槽时的背吃刀量等于车槽刀主切削刃宽度。

（2）进给 $f$ 取 $f=0.05\sim0.1\text{mm/r}$。

（3）切削速度 $v_c$，取 $v_c=30\sim40\text{m/min}$。

3. 车削方法

车精度不高且宽度较窄的矩形沟槽时，可用刀宽等于槽宽的车槽刀，采用直进法一次进给车出，如图 4－10 所示。

车精度要求较高的矩形沟槽时，一般采用二次进给车成。第一次进给车沟槽时，槽壁两侧留有精车余量，第二次进给时用等宽车槽刀修整，也可用原车槽刀根据槽深和槽宽进行精车，如图 4－11 所示。

车削较宽的矩形构槽时，可用多次直进法切割（图 4－12），并在槽壁两侧留有精车余量，然后根据槽深和槽宽精车至尺寸要求。

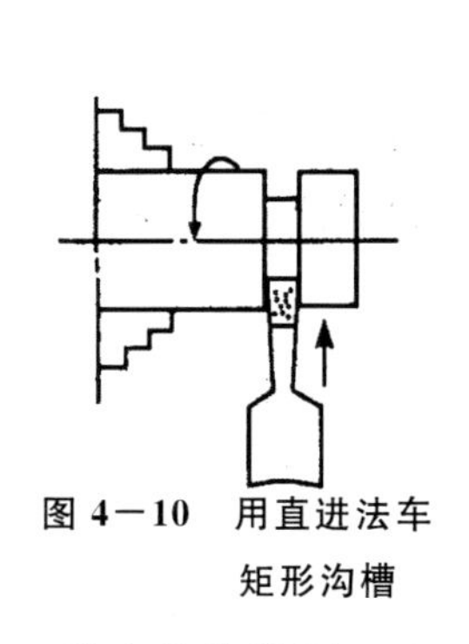

**图 4－10 用直进法车矩形沟槽**

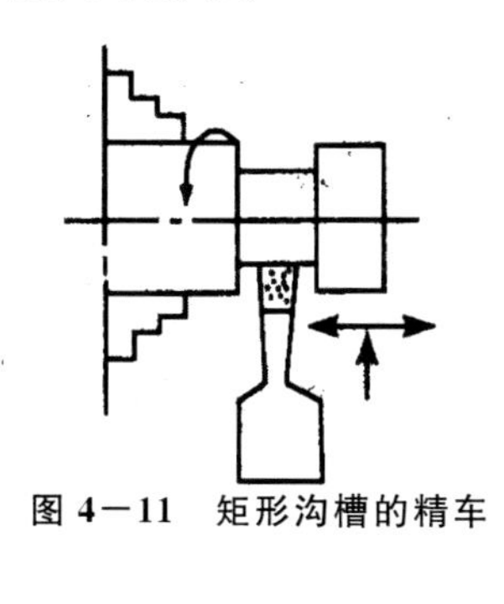

**图 4－11 矩形沟槽的精车**

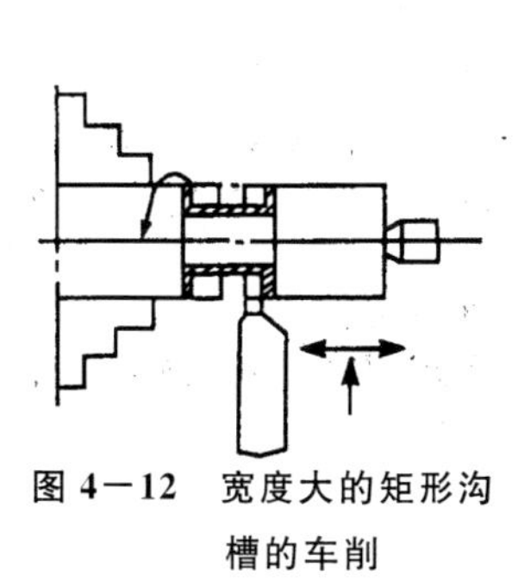

**图 4－12 宽度大的矩形沟槽的车削**

4. 外沟槽的检测

检测外沟槽时，除了使用游标卡尺外，通常还可用以下几种检测方法。

（1）精度要求较低的矩形沟槽，可用钢直尺和外卡钳检测其宽度和直径，如图 4－13 所示。

（2）精度要求较高的矩形沟槽，通常用千分尺（图 4－14）\样板（图 4－15）检测。

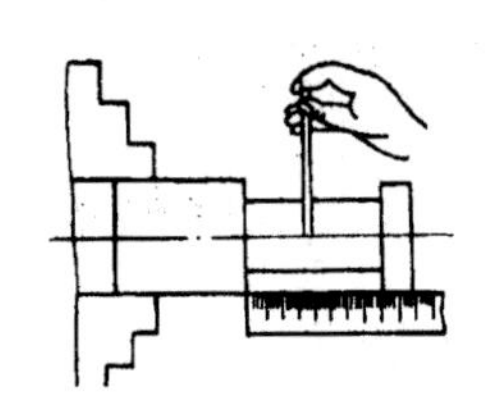
图 4—13　用钢直尺和外卡钳检测矩形沟槽

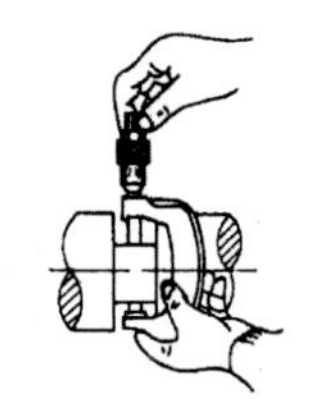
图 4—14　用千分尺检测矩形沟槽

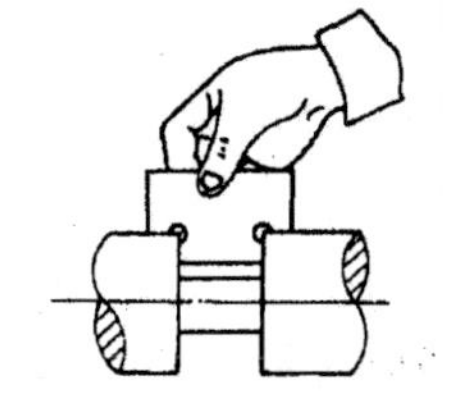
图 4—15　用样板检测矩形沟槽

### 4.2.3　任务实施

1. 准备工作

（1）刀具：90°偏刀、切断刀、圆弧形车刀、梯形螺纹车刀、45°偏刀。

（2）设备：CA6140。

（3）量具：0～150mm 游标卡尺、25～50mm 千分尺。

2. 加工步骤

（1）将毛坯加工至 $38_{-0.1}^{\ 0}$mm 和长 120mm（以图纸为准）。

（2）用三爪自定心卡盘夹住加工外圆，留 60mm 长，校正并夹紧，平端面。

（3）校正小滑板移动平行于主轴轴线，并在工件上精密划线。

（4）切槽粗加工留余量 0.1mm。

（5）切槽精加工槽至尺寸要求，并倒角 $C1$。

（6）检查合格后取下工件。

（7）调头车另一面，同上。

（8）检查。

3. 安全注意事项

（1）车槽刀主刀刃和轴心不平行，使车成的沟槽槽底一侧直径大，另一侧直径小成竹节形。

（2）车沟槽、切断前，应调整床鞍、中滑板、小滑板间隙，以防间隙过大产生振动和“扎刀”现象。

4. 评分标准

完成表 4—3，进行评分。

表 4—3　评分表

| 序号 | 考核项目 | 考核内容及要求 | 配分 | 评 分 标 准 | 检测结果 | 得分 |
|---|---|---|---|---|---|---|
| 1 | 外圆 | $\phi38_{-0.1}^{\ 0}$ | 5 | 超差不得分 | | |
| 2 | | $\phi26_{-0.21}^{\ 0}$（2 处） | 10 | 超差不得分 | | |
| 3 | 长度 | 120mm | 5 | 超差不得分 | | |
| 4 | | 6mm（6 处） | 12 | 超差不得分 | | |
| 5 | | $8_{\ 0}^{+0.15}$（2 处） | 10 | 超差不得分 | | |
| 6 | 倒角 | $C1$（2 处） | 5 | 超差不得分 | | |
| 7 | 槽 | $8_{\ 0}^{+0.15}$、$\phi26_{-0.21}^{\ 0}$（2 处） | 20 | 超差不得分 | | |
| 8 | 圆弧形槽 | $R3$（4 处） | 20 | 超差不得分 | | |

续表

| 序号 | 考核项目 | 考核内容及要求 | 配分 | 评分标准 | 检测结果 | 得分 |
|---|---|---|---|---|---|---|
| 9 | 梯形槽角度 | $30°\pm30'$ | 2 | 超差不得分 | | |
| 11 | 工具设备使用维护 | | 3 | 不符要求不得分 | | |
| 12 | 安全文明生产 | | 8 | 不符要求不得分 | | |
| 总分 | | | | | | |

### 4.2.4　任务评价与分析

**任务评价表**

班级＿＿＿＿＿＿学生姓名＿＿＿＿＿＿学号＿＿＿＿

| 项　目 | 自我评价（分） | | | 小组评价（分） | | | 教师评价（分） | | |
|---|---|---|---|---|---|---|---|---|---|
| | 10～9 | 8～6 | 5～1 | 10～9 | 8～6 | 5～1 | 10～9 | 8～6 | 5～1 |
| | 占总评10% | | | 占总评30% | | | 占总评60% | | |
| 车矩形槽、圆弧形槽和梯形槽 | | | | | | | | | |
| 工作态度 | | | | | | | | | |
| 学习主动性 | | | | | | | | | |
| 纪律观念 | | | | | | | | | |
| 协作精神 | | | | | | | | | |
| 工作质量 | | | | | | | | | |
| 小计 | | | | | | | | | |
| 总评 | | | | | | | | | |

任课教师：　　　　年　月　日

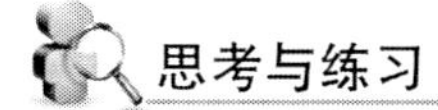

## 思考与练习

1. 车槽刀的装夹要求是什么？

2. 车沟槽的方法有哪些？

3. 沟槽的检测方法有哪些？

4. 简述车沟槽时可能产生的问题和防止方法。

# 4.3 切断

**学习目标**

1. 掌握切断刀的装夹要求。
2. 掌握切断的方法。
3. 了解切断时可能产生的问题和防止方法。

### 4.3.1 任务及分析

（1）明确任务——切断训练（图 4－16）。

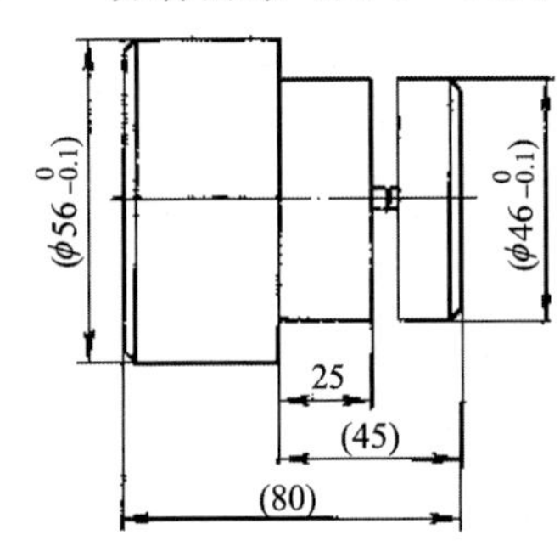


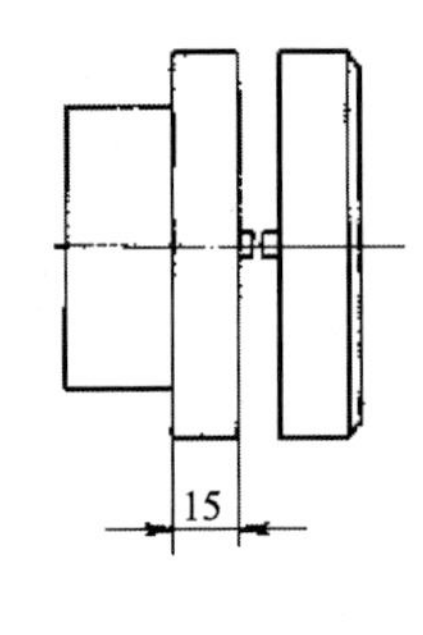


材料：45钢

**图 4－16 切断练习图**

（2）工艺分析：本课题主要介绍车床上用“直进法”和“左右切削法”进行切断，切断的关键是切断刀的几何参数的选择及其切削用量的合理选择。

### 4.3.2 切断刀的装夹

切断刀装夹是否正确，对切断工件能否顺利进行、切断的工件平面是否平直，有直接的关系。切断刀的装夹，必须注意以下事项：

（1）切断实心工件时，切断刃的主刀刃必须严格对准工件的回转中心，主刀刃中心线与工件轴线垂直。

（2）刀杆不宜伸出过长，以增强切断刀的刚性和防止振动。

### 4.3.3 切断进刀方式

1. 直进法

直进法是指垂直于工件轴线方向进给切断工件（图 4－17）。直进法切断的效率高，但对车床、切断刀的刃磨和装夹都有较高的要求，否则容易造成切断刀折断。

2. 左右借刀法

左右借刀法是指切断刀在工件轴线方向反复地往返移动；随之两侧径向进给，直至工件被切断（图 4－18）。左右借刀法常在切削系统（刀具、工件、车床）刚度不足的情况下，用来对工件进行切断。

3. 反切法

反切法是指车床主轴和工件反转，车刀反向装夹进行切削（图 4－19）。反切法适用于较大直径工件的切断。

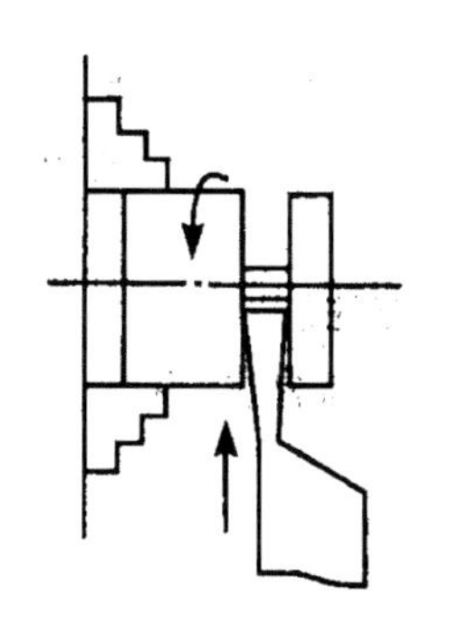

图 4－17　直进法

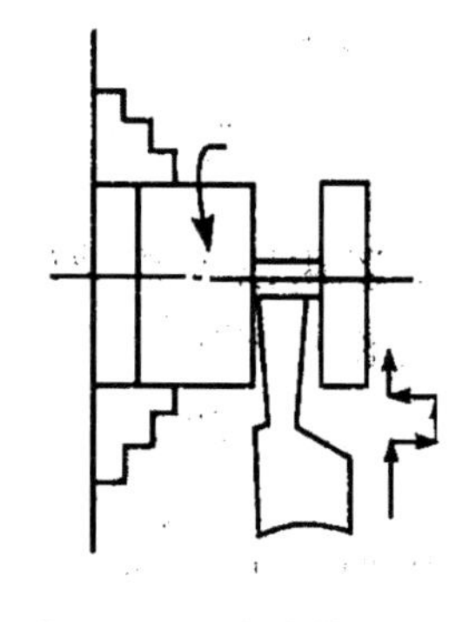

图 4－18　左右借刀法

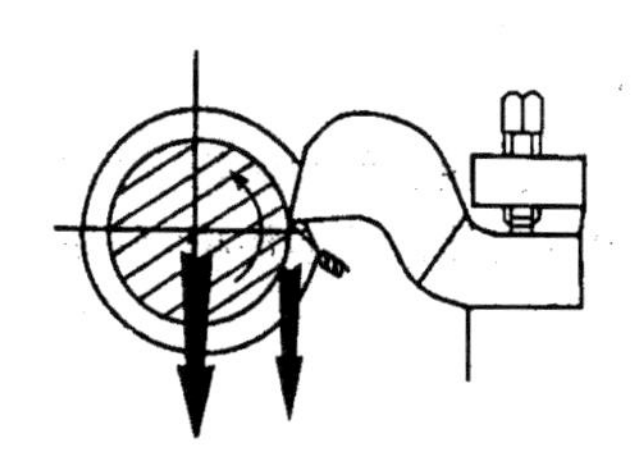

图 4－19　反切法

#### 4.3.4　实际操作

1. 准备工作

（1）刀具：90°偏刀、切断刀、45°偏刀。

（2）设备：CA6140。

（3）量具：0～150mm 游标卡尺。

2. 加工步骤

（1）按照图样进行切断技能训练。

（2）夹住外圆，找正夹紧。

（3）用左右借刀法和直进法切断工件。

（4）如图 4－20 练习，共切割六段。

（5）夹住外圆车 $\phi28$ 至尺寸要求。

（6）切割厚 3mm。

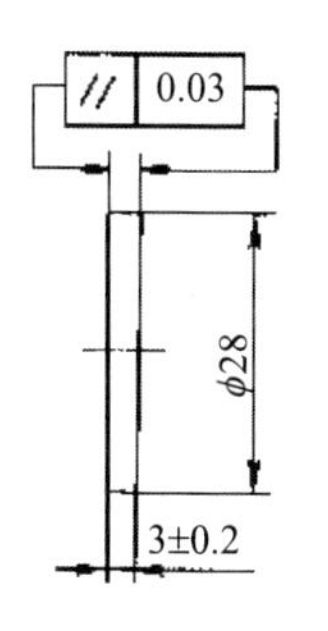


图 4－20　切断训练

3. 注意事项

（1）用一夹一顶方法装夹工件进行切断时，在工件即将切断前下应卸下工件后再敲断。

（2）不允许用两顶尖装夹工件时进行切断，以防切断瞬间工件飞出伤人。

（3）切断时，工件装夹要牢靠，排屑要顺畅，车刀要对准工件中心，防止产生断刀现象。

（4）用高速钢切断刀切断工件时，应浇注切削液；用硬质合金刀切断时，中途不准停车，以免刀刃碎裂。

4. 评分标准

完成表 4－4。

表 4—4　评分表

| 序号 | 考核项目 | 考核内容及要求 | 配分 | 评分标准 | 检测结果 | 得分 |
|---|---|---|---|---|---|---|
| 1 | 外圆 | $\phi28$ | 30 | 超差不得分 | | |
| 2 | 宽度 | （3+0.2）mm | 30 | 超差不得分 | | |
| 3 | 平行度 | // 0.03 | 40 | 不符合要不得分 | | |
| 总分 | | | | | | |

## 4.3.5　任务评价与分析

任务评价表

班级＿＿＿＿＿＿学生姓名＿＿＿＿＿＿学号＿＿＿＿

| 项目 | 自我评价（分） | | | 小组评价（分） | | | 教师评价（分） | | |
|---|---|---|---|---|---|---|---|---|---|
| | 10～9 | 8～6 | 5～1 | 10～9 | 8～6 | 5～1 | 10～9 | 8～6 | 5～1 |
| | 占总评 10% | | | 占总评 30% | | | 占总评 60% | | |
| 车矩形槽、圆弧形槽和梯形槽 | | | | | | | | | |
| 切断练习 | | | | | | | | | |
| 工作态度 | | | | | | | | | |
| 学习主动性 | | | | | | | | | |
| 纪律观念 | | | | | | | | | |
| 协作精神 | | | | | | | | | |
| 工作质量 | | | | | | | | | |
| 小计 | | | | | | | | | |
| 总评 | | | | | | | | | |

任课教师：　　　　年　月　日

## 思考与练习

1. 车槽时切削用量应如何选用？

2. 车槽刀的安装有哪些要求？

3. 了解切断时可能产生的问题和防止方法。

# 任务五　车简单轴类工件综合技能训练

## 学习目标

1. 能正确装夹工件和车刀。
2. 能按图样要求测量毛坯外形尺寸，判断是否有足够的加工余量。
3. 能进行自检，判断零件是否合格。
4. 能主动学习，善于总结与反思。
5. 能与他人合作，进行有效的沟通，有团队合作的精神。

## 5.1　相关理论

### 5.1.1　任务及分析

（1）明确任务——车削传动轴（图5—1）。

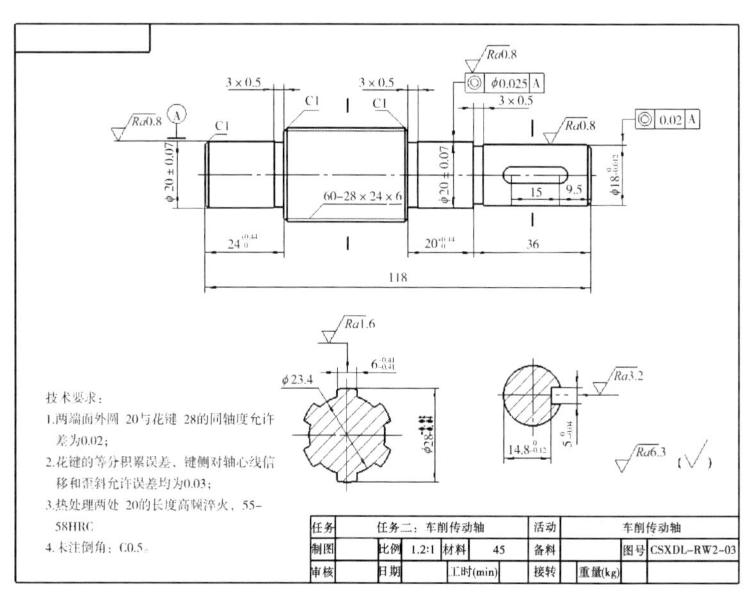


图5—1　车削传动轴

(2) 工艺分析：该传动轴选用 45 钢，大部分表面应以车削为主。尤其外圆尺寸精度要求很高，表面粗糙度值小，所以车削后还需要经行磨削。这些表面的加工顺序为：粗车→半精车→高频淬火→磨削。由于该轴 $\phi20\pm0.007$、$\phi18^{0}_{-0.012}$ 对基准轴线 A 有同轴度要求，所以应在粗车之前加工 B 型中心孔作为径向定位基准面，半精车时采用两顶尖装夹。砂轮越程槽、倒角在半精车时加工，需磨削的表面要留出磨削余量。

采用机械加工的方法，直接改变原材料或毛坯的形状、尺寸和表面质量等，使之变成半成品或成品的过程称为机械加工工艺过程，简称工艺过程。

### 5.1.2 机械加工过程的组成

1. 工序

一个工人或一组工人，在一个工作地对同一工件或同时对几个工件所连续完成的那一部分工艺过程，称为工序。工序是工艺过程的基本组成部分，工序是制订生产计划和进行成本核算的基本单元。

机械零件的机械加工工艺过程由若干工序组成，毛坯依次通过这些工序，就被加工成合乎图样规定要求的零件。

2. 安装

在同一工序中，工件在工作位置可能只装夹一次，也可能要装夹几次。安装是工件经一次装夹后所完成的那一部分工艺过程。从减小装夹误差及减少装夹工件所花费的时间考虑，应尽量减少安装数。

3. 工位

在同一工序中，有时为了减少由于多次装夹而带来的误差及时间损失，往往采用转位工作台或转位夹具。工位是在工件的一次安装中，相对于机床（或刀具），工件每占据一个确切位置时所完成的那一部分工艺过程。

4. 工步

一个工序（或一次安装或一个工位）中可能需要加工若干个表面；也可能只加工一个表面，但却要用若干把不同的刀具轮流加工；或只用一把刀具但却要在加工表面上切多次，而每次切削所选用的切削用量不完全相同。

工步是在加工表面、切削刀具和切削用量（仅指机床主轴转速和进给量）都不变的情况下所完成的那一部分工艺过程。上述三个要素中（指加工表面、切削刀具和切削用量）只要有一个要素改变了，就不能认为是同一个工步。

为了提高生产效率，机械加工中有时用几把刀具同时加工几个表面，这也被看作是一个工步，称为复合工步。

5. 走刀

走刀是指刀具相对工件加工表面进行一次切削所完成的那部分工作。每个工步可包括一次走刀或几次走刀。

综上分析可知，工艺过程的组成是很复杂的。工艺过程由许多工序组成，一个工序可能有几个安装，一个安装可能有几个工位，一个工位可能有几个工步，如此等等。

### 5.1.3 车削工件的基准和定位基准的选择

用来确定生产对象上几何要素间的几何关系所依据的那些点、线、面叫做基准。根据基准的作用不同，分为设计基准和工艺基准两类。

1. 设计基准

设计基准是指设计图样上所采用的基准。

2. 工艺基准

工艺基准是指在工艺过程中所采用的基准。按其作用不同，工艺基准可以分为定位基准、测量基准和装配基准。

(1) 定位基准：定位基准是指加工中用作定位的基准。用夹具装夹时，定位基准就是工件与夹具定位元件相接触的面。

(2) 测量基准：测量基准是指测量时所采用的基准。

(3) 装配基准：装配基准是指装配时用来确定零件或部件在产品中的相对位置所采用的基准。

3. 粗基准的选择

选择粗基准考虑的重点是：①应保证所有加工表面都有足够的加工余量；②应保证加工表面和不加工表面之间具有一定的位置精度。

(1) 对于有不加工表面的零件，应该选择不加工表面作为粗基准，这样可以保证加工表面与不加工表面之间的相互位置精度。

(2) 对所有表面都需要加工的工件，应该根据加工余量最小的表面找正，这样不会因为位置偏移而造成余量太小的部位车不出来报废。

(3) 应该选用比较牢固可靠的表面作为粗基准，否则会夹坏工件或使工件松动。

(4) 粗基准的表面，应尽量平整光滑，没有飞边、浇口、冒口或其他缺陷，以保证定位准确、夹紧可靠。

(5) 粗基准应避免重复使用，在同一尺寸方向上粗基准通常只允许使用一次，因为粗基准本身是毛面，表面粗糙、形位误差大、尺寸精度低，如果第二次装夹仍以该基准定位，被加工工件将不可能再次占据第一次装夹时的位置，会造成较大的基准位移误差。

4. 精基准的选择

(1) 尽可能采用设计基准（或装配基准）作为定位基准。

(2) 尽可能使定位基准和测量基准重合。

(3) 尽可能使基准统一。

(4) 选择精度较高、装夹稳定可靠的表面作为精基准，并尽可能选用形状简单和尺寸较大的表面作为精基准。

5. 切削加工工序的安排

(1) 基面先行原则：应尽量采用加工过的表面为定位基面，显然，安排加工工序时，精基面应先加工。例如，轴类零件的加工多采用中心孔为精基准。因此，安排其加工工艺时，首先应安排车端面、钻中心孔，再以中心孔为基准加工外圆表面和台阶。

(2) 先粗后精的原则：零件加工质量要求高时，对精度要求高的表面，应划分加工阶段。一般可分为粗加工→半精加工→精加工→光整加工的顺序依次进行，逐步提高表面的加工精度，减小表面粗糙度值。

(3) 先主后次原则：工件的主要表面、装配基面应先加工，从而及早发现毛坯中主要表面可能存在的缺陷。次要表面可穿插进行，放在主要加工表面加工到一定程度后精加工之前进行。

(4) 先面后孔原则。对复杂工件，一般先加工平面再加工孔。一方面平面定位，稳定可靠；另一方面在加工过的平面上加工孔比较容易，并能提高孔的加工精度，特别是钻出的孔轴线不易偏斜。

## 5.2 任务实施

### 5.2.1 任务实施步骤

1. 准备工作

(1) 刀具：90°偏刀、切断刀、45°车刀、中心钻（B2/6.3）。

(2) 工、量具：0～150mm 游标卡尺、25～50mm 千分尺、前后顶尖。

2. 加工步骤

(1) 传动轴取总长，钻中心孔。一段车出 $\phi28\times$（7～10mm）的定位台阶。

(2) 一夹一顶装夹工件，粗车 $\phi$29mm 全长，$\phi$21mm×55mm，$\phi$19mm×35mm，倒角。

(3) 调头一夹一顶。粗车外圆 $\phi$21mm×23mm 倒角 $C1$。

(4) 两顶尖装夹，半精车外圆 $\phi18^{+0.3}_{+0.2}$mm×36mm、$\phi20^{+0.3}_{+0.2}$mm×$20^{0.14}_{0}$mm，切槽3mm×0.5mm 两处，倒角 $C1\times2$。调头两顶尖，半精车外圆 $\phi20^{+0.3}_{+0.2}$mm×$24^{0.14}_{0}$mm、精车外圆 $\phi28^{-0.02}_{-0.04}$mm 切槽 3mm×0.5mm，倒角 $C1\times2$。

(5) 检查。

3. 评分标准

完成评分表（表 5—1）。

表 5—1 评分表

| 序号 | 考核项目 | 考核内容及要求 | 配分 | 评 分 标 准 | 检测结果 | 得分 |
|---|---|---|---|---|---|---|
| 1 | 外圆 | $\phi18^{+0.3}_{+0.2}$mm，$Ra3.2\mu$m | 7，3 | 超差不得分 | | |
| 2 | | $\phi20^{+0.3}_{+0.2}$mm，$Ra3.2\mu$m | 7，3 | 超差不得分 | | |
| 3 | | $\phi20^{+0.3}_{+0.2}$mm，$Ra3.2\mu$m | 7，3 | 超差不得分 | | |
| 4 | | $\phi28^{-0.02}_{-0.04}$mm，$Ra3.2\mu$m | 10，3 | 超差不得分 | | |
| 5 | 长度 | $24^{+0.14}_{0}$mm | 5 | 超差不得分 | | |
| 6 | | $20^{+0.14}_{0}$mm | 5 | 超差不得分 | | |
| 7 | | 36mm | 2 | | | |
| 8 | 槽 | 3mm×0.5mm（3 处） | 6 | | | |
| 9 | 几何公差 | 同轴度 $\phi$0.02mm | 6 | 超差不得分 | | |
| 10 | 总长、中心孔与端面质量 | 118mm | 2 | 超差不得分 | | |
| 11 | | $C1$ | 1×4 | 超差不得分 | | |
| 12 | | $C0.5$ | 2 | 超差不得分 | | |
| 13 | | $Ra6.3\mu$m（5 处） | 1×5 | 超差不得分 | | |

续表

| 序号 | 考核项目 | 考核内容及要求 | 配分 | 评分标准 | 检测结果 | 得分 |
|---|---|---|---|---|---|---|
| 14 | 设备及工量刃具的使用维护 | 工、量、刃具的合理使用与保养 | 10 | 不符合要求酌情扣1～10分 | | |
| 15 | | 操作车床并及时发现一般故障 | | | | |
| 16 | | 车床的润滑 | | | | |
| 17 | | 车床的保养工作 | | | | |
| 15 | 安全与其他 | 正确执行安全技术操作规程 | 10 | 一项不符合要求扣2分，发生较大事故取消考核资格 | | |
| 16 | | 工作服正确穿戴 | | | | |
| 总分 | | | | | | |

### 5.2.2 任务评价与分析

**任务评价表**

班级____________学生姓名___________学号________

| 项目 | 自我评价（分） | | | 小组评价（分） | | | 教师评价（分） | | |
|---|---|---|---|---|---|---|---|---|---|
| | 10～9 | 8～6 | 5～1 | 10～9 | 8～6 | 5～1 | 10～9 | 8～6 | 5～1 |
| | 占总评10% | | | 占总评30% | | | 占总评60% | | |
| 车削传动轴 | | | | | | | | | |
| 工作态度 | | | | | | | | | |
| 学习主动性 | | | | | | | | | |
| 纪律观念 | | | | | | | | | |
| 协作精神 | | | | | | | | | |
| 工作质量 | | | | | | | | | |
| 小计 | | | | | | | | | |
| 总评 | | | | | | | | | |

任课教师：　　　　年　月　日

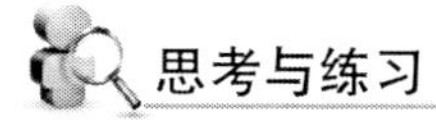


1. 如何正确装夹工件和车刀？

2. 简述机械加工工过程的组成。

3. 粗、精基准的选择标准是什么？

# 任务六 钻、车、铰圆柱孔

学习目标

1. 能按照车间安全防护规定穿戴劳保用品，执行安全操作规程，牢固树立正确的安全文明操作意识。
2. 能通过教师讲解、查阅资料识读图样及工艺卡，明确加工技术要求。
3. 能根据零件特征，正确选择车孔刀的材料和结构形式。
4. 能根据加工要求，正确使用麻花钻，并会叙述扩孔的特点和使用场合。
5. 能根据加工要求正确刃磨、安装车孔刀，掌握内孔车削的加工方法。
6. 能合理选用铰刀、确定铰削余量，对轴套进行铰孔精加工。
7. 能正确使用内径百分表进行轴套零件的测量。
8. 能根据加工要求，合理选择切削用量和切削液。
9. 能主动学习，善于总结与反思。
10. 能与他人合作，进行有效的沟通，有团队合作的精神。

## 6.1 麻花钻的刃磨、钻孔

学习目标

1. 熟悉标准麻花钻的结构和刃磨角度。
2. 掌握标准麻花钻的刃磨技能。
3. 掌握钻孔技能。

### 6.1.1 任务及分析

（1）明确任务——钻孔扩孔和攻丝（图 6－1）。

（2）工艺分析：采用外圆为 $\phi$60mm 热轧圆钢棒料作为坯料，在钻孔后进行扩孔是为了练习扩孔的操作技能（实际生产中可不经扩孔直接车孔），然后用切断刀切断。可以采用车外圆→钻孔→扩孔→攻丝→切断的操作步骤。

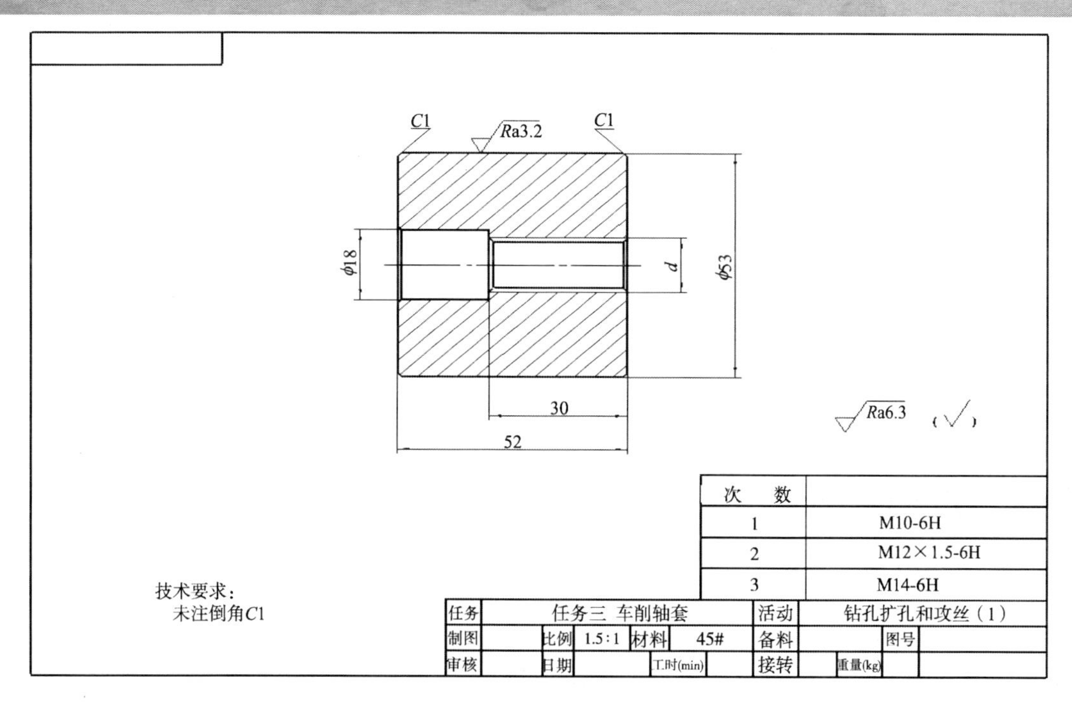


**图 6－1　钻孔扩孔和攻丝图**

用钻头在实体材料上加工孔的方法称为钻孔。根据形状和用途不同，钻头可分为中心钻、麻花钻、锪钻和深孔钻等。本节只介绍麻花钻。

### 6.1.2　麻花钻的几何形状

1. 麻花钻的组成部分及其作用

如图 6－2 所示，麻花钻的组成及作用如下。

麻花钻
- 柄部（夹持部分）：起夹持定心和传递转矩的作用。有直柄和莫氏锥柄两种。
- 颈部：直径较大的麻花钻在颈部标有直径、材料牌号和商标。
- 工作部分
  - 切削部分：主要起切削作用。
  - 导向部分：在钻削过程中起保持钻削方向、修光孔壁的作用，同时也是切削的后备部分。

2. 麻花钻工作部分的几何形状

如图 6－3 所示，麻花钻的切削部分可看作正反两把车刀，其几何角度概念与车刀基本相同，但也有其特殊性。

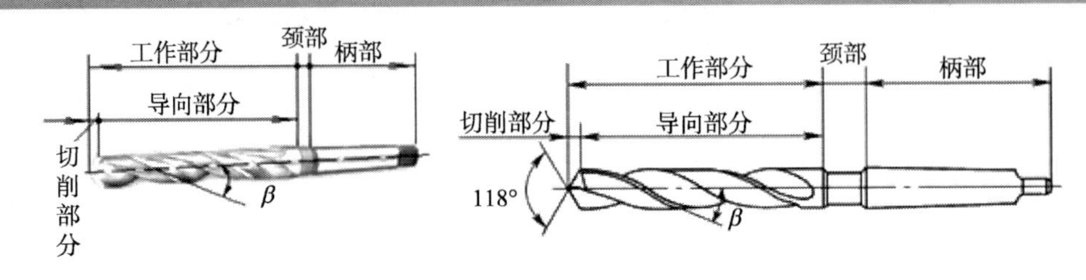

图 6－2　麻花钻的组成部分

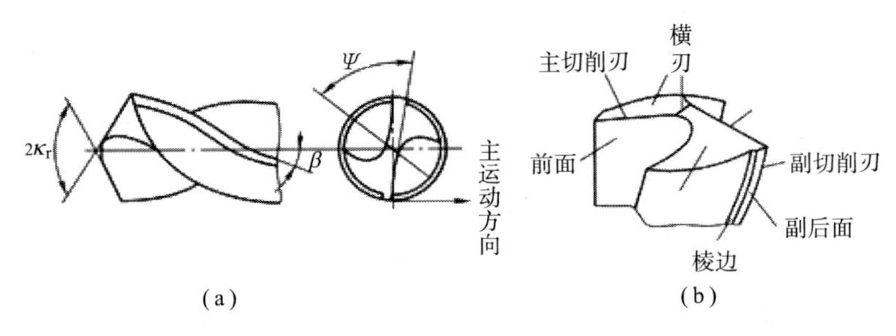


图 6－3　麻花钻的几何形状

(a) 麻花钻的角度；(b) 外形图

(1) 螺旋槽：麻花钻的工作部分有两条螺旋槽，其作用是构成切削刃、排除切屑和流通切削液。

(2) 前面：麻花钻的螺旋槽面称为前面。

(3) 主后面：麻花钻钻顶的螺旋圆锥面称为主后面。

(4) 主切削刃：前面和主后面的交线称为主切削刃，担任主要的钻削任务。

(5) 顶角 $2\kappa_r$：在通过麻花钻轴线并与两主切削刃平行的平面上，两主切削刃投影间的夹角称为顶角，如图 6－2 和图 6－3 所示。一般麻花钻的顶角 $2\kappa_r$ 为 100°～140°，标准麻花钻的顶角 $2\kappa_r$ 为 118°。在刃磨麻花钻时，可根据表 6－1 来判断顶角的大小。

(6) 前角 $g_0$：基面与前面间的交角。

(7) 后角 $a_0$：切削平面与后面间的夹角。

(8) 横刃：麻花钻两主切削刃的连接线称为横刃，也就是两主后面的交线。横刃担负着钻心处的钻削任务，横刃太短会影响麻花钻的钻尖强度，横刃太长会使轴向进给的进给力增大，对钻削不利。

(9) 横刃斜角 $\Psi$：在垂直于麻花钻轴线的端面投影图中，横刃与主切削刃之间的夹角称为横刃斜角［图 6－3 (a)］。它的大小由后角决定，后角较大时，横刃斜角减小；后角小时情况相反。横刃斜角一般为 55°。

(10) 棱边：在麻花钻的导向部分特地制出了两条略带倒锥形的韧带，称为棱边，如图 6－3 所示。它减少了钻削时麻花钻与孔壁之间的摩擦。

表 6—1　麻花钻顶角的大小对切削刃和加工的影响

| 顶角 | $2\kappa_r>118°$ | $2\kappa_r=118°$（标准麻花钻） | $2\kappa_r<118°$ |
| --- | --- | --- | --- |
| 图示 | >118°　凹形切削刃 | 118°　直线形切削刃 | 凸形切削刃　<118° |
| 削刃的形状 | 凹曲线 | 直线 | 凸曲线 |
| 对加工的影响 | 顶角大，则切削刃短、定心差，钻出的孔容易扩大；同时前角也增大，使切削省力 | 适中 | 顶角小，则切削刃长、定心准，钻出的孔不容易扩大；同时前角也减小，使切削阻力大 |
| 适用的材料 | 钻削较硬的材料 | 钻削中等硬度的材料 | 钻削较软的材料 |

### 6.1.3　麻花钻的刃磨要求

1. 麻花钻的刃磨

（1）根据加工材料，刃磨出正确的顶角 $2\kappa_r$；钻削一般中等硬度的钢和铸铁时，$2\kappa_r=116°\sim118°$。

（2）麻花钻的两主切削刃应对称，也就是两主切削刃与麻花钻的轴线成相同的角度，并且长度相等。主切削刃应成直线。

（3）后角应适当，以获得正确的横刃斜角 $\Psi$，一般 $\Psi=55°$。

（4）主切削刃、刀尖和横刃应锋利，不允许有钝口、崩刃。

2. 麻花钻的刃磨方法

（1）刃磨前，先应检查砂轮表面是否平整，如砂轮表面不平或有跳动现象，须先对砂轮进行修正。

（2）用右手握住钻头前端作为支点，左手紧握钻头柄部；将钻头的主切削刃放平，并置于砂轮中心平面以上，使钻头轴线与砂轮圆周索线成顶角的 1/2 左右，即 $\kappa_r=59°$，同时钻尾向下倾斜（图 6—4）。

（3）刃磨时，以钻头前端支点为圆心，左手捏刀柄缓慢上下摆动并略作转动，同时磨出主切削刃和后面（图 6—5）。注意摆动与转动的幅度和范围不能过大，以免磨出负后角或将另一条主切削刃磨坏。

（4）将钻头转过 180°，用相同的方法刃磨另一条主切削刃和后面。两切削刃经常交替刃磨，边刃磨边检查，直至达到要求为止。

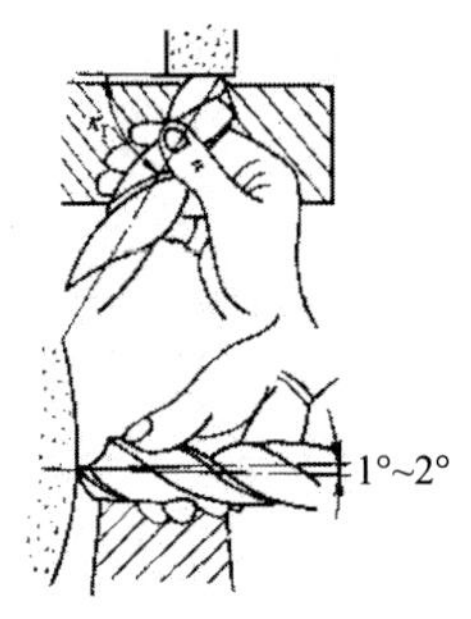


图 6－4　麻花钻的刃磨位置

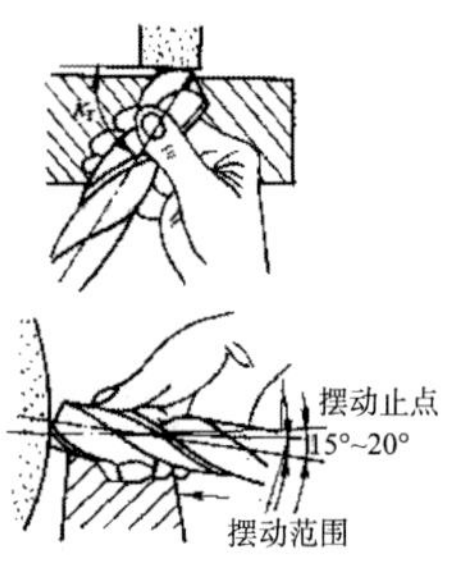


图 6－5　刃磨方法

（5）按需要修磨横刃，也就是将横刃磨短，钻心处前角磨大。通常 5mm 以上的横刃需修磨，修磨后的横刃长度为原长的 1/5～1/3。

3. 角度检查

1）目测法

麻花钻刃磨好后，通常采用目测法检查。其方法是将钻头垂直竖立在与眼等高的位置，在明亮的背景下用肉眼观察两刃的长短、高低及后角等（图 6－6）。由于视差的原因，往往会感到左刃高、右刃低，此时则应将钻头转过 180°再观察，是否仍是左刃高、右刃低，经反复观察对比，直至觉得两刃基本对称时方可使用。使用时如发现仍有偏差，则需再次修磨。

2）用角度尺检查

将角度尺的一边贴靠在麻花钻的棱边上，另一边搁在麻花钻的刃口上，测量其刃长和角度（图 6－7），然后将麻花钻转过 180°，用同样的方法检查另一主切削刃。

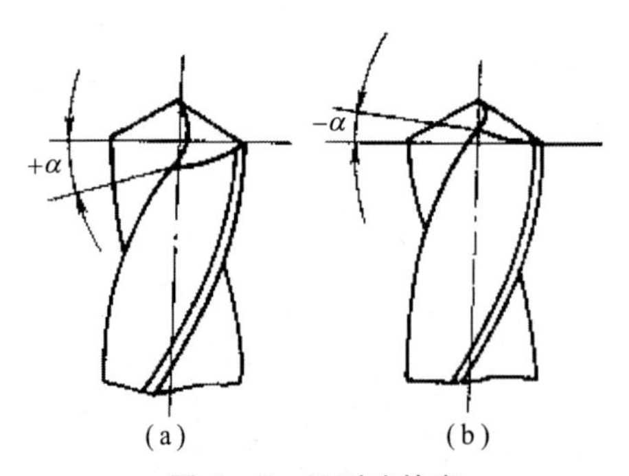


图 6－6　目测法检查

(a) 刃磨正确 (b) 刃磨错误

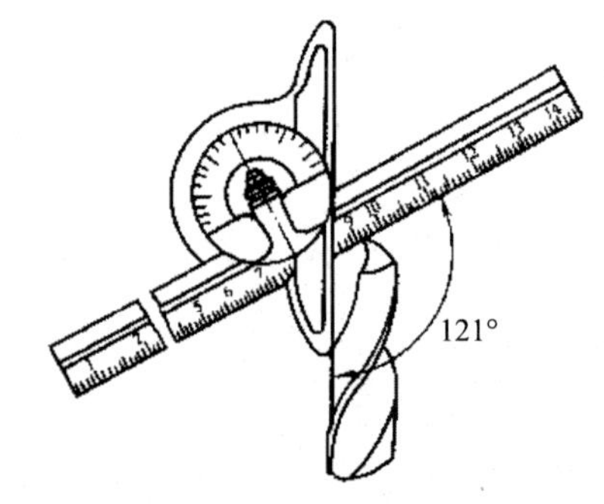


图 6－7　角度尺检查

4. 麻花钻的刃磨情况对钻孔质量的影响

麻花钻的刃磨情况对钻孔质量的影响见表 6－2。

**表 6—2　麻花钻的刃磨情况对钻孔质量的影响**

| 刃磨情况 | 麻花钻刃磨正确 | 麻花钻刃磨得不正确 | | |
|---|---|---|---|---|
| | | 顶角不对称 | 切削刃长度不等 | 顶角不对称且切削刃长度不等 |
| 图示 | | | | |
| 钻削情况 | 两条主切削刃同时切削，两边受力平衡，使麻花钻磨损均匀 | 只有一条主切削刃不起作用，受力不平衡，使麻花钻很快磨损 | 磨花钻的工作中心由 $O-O$ 移到 $O'-O'$，切削不均匀，使麻花钻很快磨损 | 两条主切削刃受力不平衡，且麻花钻的工作中心由 $O-O$ 移到 $O'-O'$，使麻花钻很快磨损 |
| 对钻孔质量的影响 | 钻出的孔不会扩大、倾斜或产生台阶 | 使钻出的孔扩大和倾斜 | 使钻出的孔扩大 | 钻出的孔不仅扩大，还会产生台阶 |

### 6.1.4　麻花钻的装夹

麻花钻的装夹如图 6—8 和图 6—9 所示。

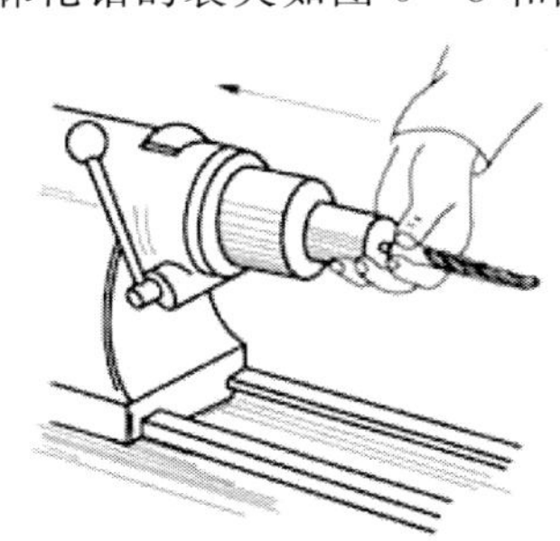

**图 6—8　装夹钻头**

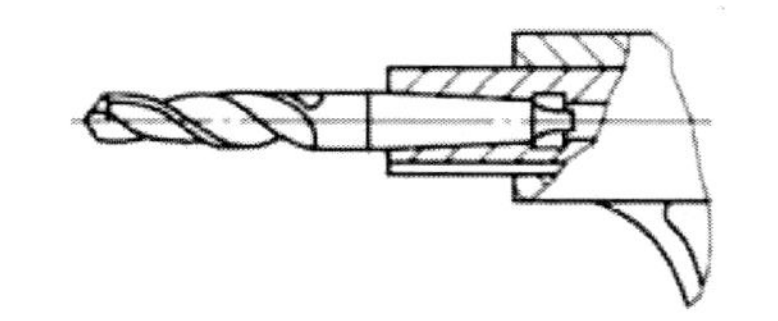

**图 6—9　直接插入尾座套筒锥孔中**

### 6.1.5　钻孔时切削用量的选择

（1）背吃刀量 $a_p$：钻孔时的背吃刀量为麻花钻的半径。

（2）进给量 $f$：在车床上钻孔时的进给量是用手转动车床尾座手轮来实现的。一般选 $f=(0.01\sim0.02)d$。

（3）切削速度 $v_c$。钻孔时的切削速度如式（6—1）所示。

$$v_c=\frac{\pi dn}{1000} \qquad (6-1)$$

式中，$v_c$ 为切削速度，m/min；$d$ 为麻花钻的直径，mm；$n$ 为车床主轴转速，r/min。

### 6.1.6 钻孔时切削液的选用

钻孔时切削液的选用原则见表 6－3。

**表 6－3 钻孔时切削液的选用原则**

| 麻花钻的材料 | 被钻削的材料 | | |
|---|---|---|---|
| | 低碳钢 | 中碳钢 | 淬硬钢 |
| 高速钢麻花钻 | 用 1%～2% 的低浓度乳化液、电解质水溶液或矿物油 | 用 3%～5% 的中等浓度乳化液或极压切削油 | 用极压切削油 |
| 镶硬质合金麻花钻 | 一般不用，如用可选 3%～5%的中等浓度乳化液 | | 用 10%～20% 的高浓度乳化液或极压切削油 |

### 6.1.7 钻孔方法

(1) 钻孔前，先将工件平面车平，中心处不允许留有凸台，以利于麻花钻正确定心。

(2) 找正尾座，使麻花钻中心对准工件回转轴线，否则可能会将孔径钻大、钻偏，甚至折断麻花钻。

(3) 用细长麻花钻钻孔时，为防止麻花钻晃动，可在刀架上夹一挡铁，支顶麻花钻头部，帮助麻花钻定心。

(4) 用小直径麻花钻钻孔时，钻前先在工件端面上钻出中心孔，再进行钻孔，这样既便于定心，且钻出的孔同轴度好。

(5) 在实体材料上钻孔，孔径不大时可以用麻花钻一次钻出，若孔径较大（超过 30mm），应分两次钻出。

### 6.1.8 钻孔质量分析

钻孔质量不合格原因及预防措施见表 6－4。

**表 6－4 钻孔质量分析**

| 废品种类 | 产生原因 | 预防措施 |
|---|---|---|
| 孔歪斜 | (1) 工作端面不平，或与轴线不垂直<br>(2) 尾座偏移<br>(3) 麻花钻刚度低，初钻时进给量过大<br>(4) 麻花钻顶角不对称 | (1) 钻孔前车平端面，中心不能有凸台<br>(2) 调整尾座轴线与主轴轴线同轴<br>(3) 选用较短的麻花钻或用中心钻先钻中心孔；初钻时进给量要小，钻削时应经常退出麻花钻，待清除切屑后再钻<br>(4) 正确刃磨麻花钻 |
| 孔直径扩大 | (1) 麻花钻直径选错<br>(2) 麻花钻主切削刃不对称<br>(3) 麻花钻未对准工作中心 | (1) 看清图样，仔细检测麻花钻直径<br>(2) 仔细刃磨，使两主切削刃对称<br>(3) 检测麻花钻是否弯曲，钻夹头、钻套是否装夹正确 |

### 6.1.9　任务实施

1. 准备工作

$\phi$8.5mm、$\phi$10.5mm、$\phi$12mm、$\phi$18mm 的麻花钻头，M10、M12、M14 的丝锥 45°车刀、90°车刀、切断刀、0～150 游标卡尺以及 10%～15%的乳化液等。

2. 加工步骤

(1) 平端面，粗、精车外圆至尺寸、倒角。

(2) 钻 $\phi$8.5mm 通孔，$\phi$18mm 麻花钻扩孔至长度。

(3) 切断 52.5mm 长。

(4) 装夹、找正平端面、倒角。

(5) 攻丝 M10。

(6) 再重新钻孔攻丝，以此类推。

3. 评分标准

评分标准见表 6－5。

**表 6－5　评分表**

<table>
<tr><th>序号</th><th>考核项目</th><th>考核内容及要求</th><th>配分</th><th>评分标准</th><th>检测结果</th><th>得分</th></tr>
<tr><td>1</td><td>外圆</td><td>$\phi$58mm、$Ra$3.2$\mu$m</td><td>10</td><td>超差不得分</td><td></td><td></td></tr>
<tr><td>2</td><td>内孔</td><td>$\phi$18</td><td>20</td><td>超差不得分</td><td></td><td></td></tr>
<tr><td>3</td><td rowspan="2">长度</td><td>52mm</td><td>10</td><td>超差不得分</td><td></td><td></td></tr>
<tr><td>4</td><td>30mm</td><td>10</td><td>超差不得分</td><td></td><td></td></tr>
<tr><td>5</td><td>攻丝</td><td>M10、M12、M14</td><td>30</td><td>超差不得分</td><td></td><td></td></tr>
<tr><td>6</td><td rowspan="4">设备及工量刃具的使用维护</td><td>工、量、刃具的合理使用与保养</td><td rowspan="4">10</td><td rowspan="4">不符合要求酌情扣 1～10 分</td><td></td><td></td></tr>
<tr><td>7</td><td>操作车床并及时发现一般故障</td><td></td><td></td></tr>
<tr><td>8</td><td>车床的润滑</td><td></td><td></td></tr>
<tr><td>9</td><td>车床的保养工作</td><td></td><td></td></tr>
<tr><td>10</td><td rowspan="2">安全与其他</td><td>正确执行安全技术操作规程</td><td rowspan="2">10</td><td rowspan="2">一项不符合要求扣 2 分，发生较大事故取消考核资格</td><td></td><td></td></tr>
<tr><td>11</td><td>工作服正确穿戴</td><td></td><td></td></tr>
<tr><td colspan="2">总分</td><td colspan="5"></td></tr>
</table>

### 6.1.10 任务评价与分析

**任务评价表**

班级____________学生姓名__________学号_______

| 项目 | 自我评价（分） | | | 小组评价（分） | | | 教师评价（分） | | |
|---|---|---|---|---|---|---|---|---|---|
| | 10～9 | 8～6 | 5～1 | 10～9 | 8～6 | 5～1 | 10～9 | 8～6 | 5～1 |
| | 占总评 10% | | | 占总评 30% | | | 占总评 60% | | |
| 钻孔扩孔和攻丝 | | | | | | | | | |
| 工作态度 | | | | | | | | | |
| 学习主动性 | | | | | | | | | |
| 纪律观念 | | | | | | | | | |
| 协作精神 | | | | | | | | | |
| 工作质量 | | | | | | | | | |
| 小计 | | | | | | | | | |
| 总评 | | | | | | | | | |

任课教师：　　　　年　月　日

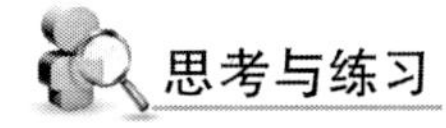


1. 如何刃磨标准麻花钻？

2. 叙述标准麻花钻的结构和刃磨角度。

3. 叙述麻花钻的几何角度。

## 6.2　车孔、铰孔

**学习目标**

1. 能区分并选择通孔车刀和盲孔车刀。
2. 能刃磨车孔刀。
3. 掌握车孔的关键技术。
4. 具备通孔、台阶孔和盲孔的车削技能。
5. 能区分铰刀类型，选择铰刀尺寸。
6. 能确定铰削余量。

### 6.2.1　任务及分析

1. 明确任务

明确任务——钻孔、车孔和铰孔（图 6—10）。

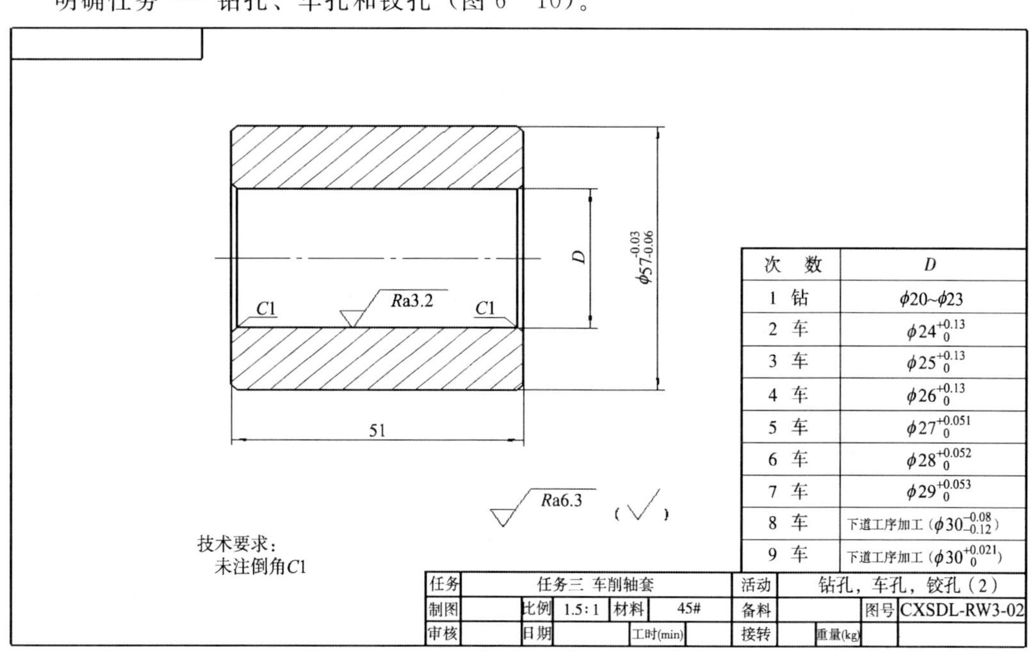


| 次　数 | D |
| --- | --- |
| 1 钻 | $\phi20\sim\phi23$ |
| 2 车 | $\phi24^{+0.13}_{0}$ |
| 3 车 | $\phi25^{+0.13}_{0}$ |
| 4 车 | $\phi26^{+0.13}_{0}$ |
| 5 车 | $\phi27^{+0.051}_{0}$ |
| 6 车 | $\phi28^{+0.052}_{0}$ |
| 7 车 | $\phi29^{+0.053}_{0}$ |
| 8 车 | 下道工序加工（$\phi30^{-0.08}_{-0.12}$） |
| 9 车 | 下道工序加工（$\phi30^{+0.021}_{0}$） |

**图 6—10　钻孔、车孔和铰孔任务**

2. 工艺分析

铸造孔、锻造孔或用麻花钻钻出的孔，为了达到所要求的精度和表面粗糙度，若采用扩孔方法，显然难以满足加工要求，一般还需要车孔。

车孔是常用的孔加工方法之一，既可以作为粗加工，也可以作为精加工，加工范围很广。

车孔精度可达 IT7～IT8，表面粗糙度 $Ra$ 值达 1.6～3.2μm，精细车削可以达到更小（$Ra$ 值为 0.8μm）。车孔还可以修正孔的直线度。

### 6.2.2 车孔刀

车孔刀可分为通孔车刀和盲孔车刀两种，如图 6－11 和图 6－12 所示。

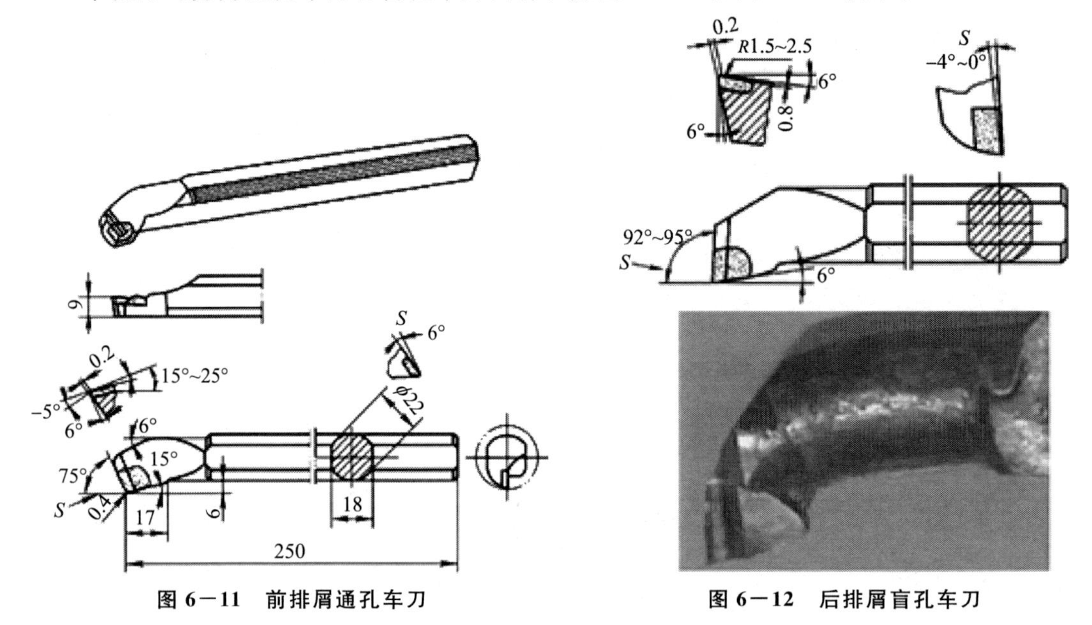


图 6－11 前排屑通孔车刀　　图 6－12 后排屑盲孔车刀

### 6.2.3 车孔的关键技术

车孔的关键技术是解决车孔刀的刚度和排屑问题。提高车孔刀刚度的措施和控制排屑的方法见表 6－6。

表 6－6 提高车孔刀刚度的措施和控制排屑的方法

| 内容 | | 图示 | 说明 |
|---|---|---|---|
| 增强车孔刀的刚度 | 尽量增加刀柄截面积 | 刀尖位于刀柄的上面　刀尖位于刀柄的中心 | 车孔刀的刀尖位于刀柄上面，刀柄的截面积较小，仅有孔截面积的 1/4，见图示左图；车孔刀的刀尖位于刀柄的中心线上，这样刀柄的截面积可达到最大程度，见图示右图 |
| | 减小刀柄伸出长度 | $L_1$　$L_2$ | 刀柄伸出越长，车孔刀的刚度越低，容易引起振动。刀柄伸出长度只要略大于孔深即可 |

### 6.2.4 车孔时车刀的装夹与车削方法

1. 车通孔时

装夹：①车孔刀的刀尖应与工件中心等高或稍高。若刀尖低于工件中心，切削时在切削抗力的作用下，容易将刀柄压低而产生扎刀现象，并可造成孔径扩大。②刀柄伸出刀架不宜过长，一般比被加工孔长 5～10mm。③车孔刀刀柄与工件轴线应基本平行，否则在车削到一定深度时刀柄后半部容易碰到工件的孔口。

车削方法：①直通孔的车削基本上与车外圆相同，只是进刀与退刀的方向相反。②在粗车或精车时也要进行试切削，其横向进给量为径向余量的 1/2。当车刀纵向进给切削 2mm 长时，纵向快速退出车刀（横向应保持不动），然后停车测试，如果尺寸未达要求，则需微调横向进给，再试切削、测试，直至符合孔径尺寸要求为止。③车孔时的切削用量应比车外圆时小一些，尤其是车小孔或深孔时，其切削用量应更小。

2. 车台阶孔和盲孔（平底孔）装夹

与车通孔时一样，车孔刀的装夹应使刀尖与工件中心等高或稍高，刀柄伸出刀架长度应尽可能短些。除此以外，车孔刀的主刀刃应与平面成 3°～5°的夹角，如图 6－13 所示。在车台阶内平面时，横向应有足够的退刀余地。而车削平底孔时必须满足 $a<R$（盲孔车刀刀尖到刀柄外侧的距离 $a$ 应小于孔的半径 $R$）的条件，否则无法车完平面，且刀尖应与工件中心严格对准。

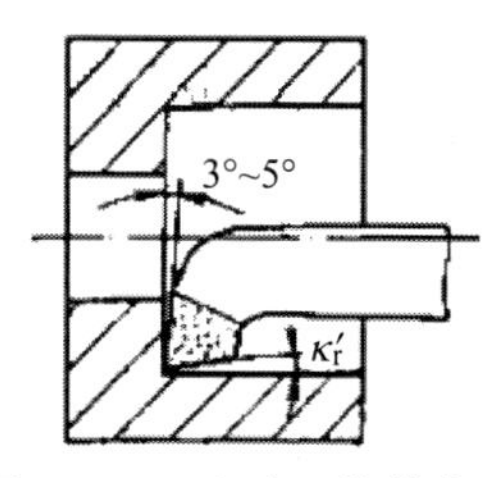

图 6－13　车孔刀的装夹

车削方法如下：

（1）车削直径较小的台阶孔时，由于观察困难，尺寸精度不易控制，所以常采用先粗、精车小孔，再粗、精车大孔的顺序进行加工。

（2）车大的台阶孔时，在便于测量小孔尺寸且视线又不受影响的情况下，一般先粗车大孔和小孔，再精车大孔和小孔。

（3）车孔径相差较大的台阶孔时，最好先使用主偏角略小于 90°（一般 $\kappa_r=85°\sim88°$）的车刀进行粗车，然后用盲孔车刀（即内偏刀）精车至要求。如果直接用内偏刀车削，切削深度不可太大，否则刀尖容易损坏。其原因是刀尖处于刀刃的最前端，切削时刀尖先切入工件，因此其承受切削抗力最大，加上刀尖本身强度较差，所以容易碎裂。其次由于刀柄细长，在轴向抗力作用下，切削深度大容易产生振动和扎刀。

### 6.2.5　车孔深度的控制

1. 粗车时常采用的方法

（1）在刀柄上刻线痕做记号（图 6－14）。

（2）装夹车孔刀时安放限位铜片（图 6－15）。

（3）利用床鞍刻度盘的刻线控制。

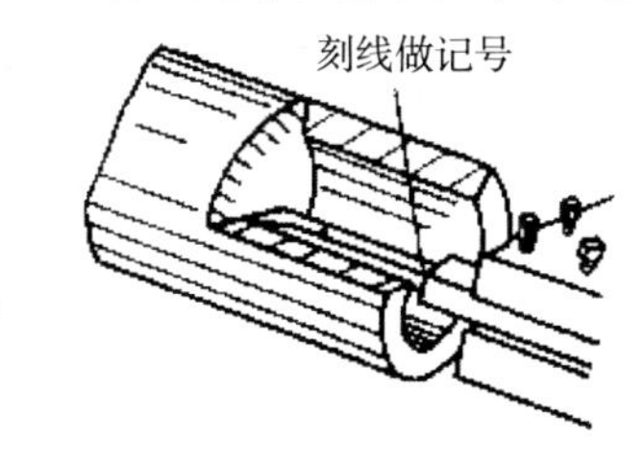

图 6－14　在刀柄上刻线痕控制孔深

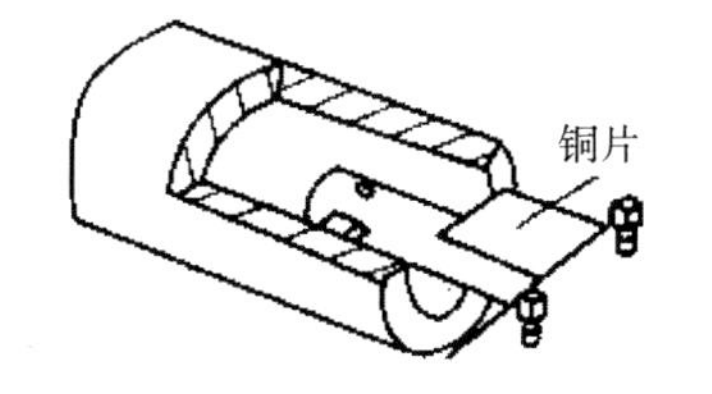

图 6－15　用限位铜片控制孔深

2. 精车时常采用的方法

(1) 利用小滑板刻度盘的刻线控制。

(2) 用深度游标卡尺测量控制。

### 6.2.6 铰孔

铰孔是用铰刀从工件孔壁上切除微量金属层，以提高其尺寸精度和降低其表面粗糙度值的方法。铰孔是应用较普遍的孔的精加工方法之一，其尺寸精度可达 IT9～IT7，表面粗糙度 $Ra$ 值可达 0.4～1.6$\mu$m。

1. 铰刀的组成

铰刀由工作部分、颈部和柄部组成，如图 6－16 所示。

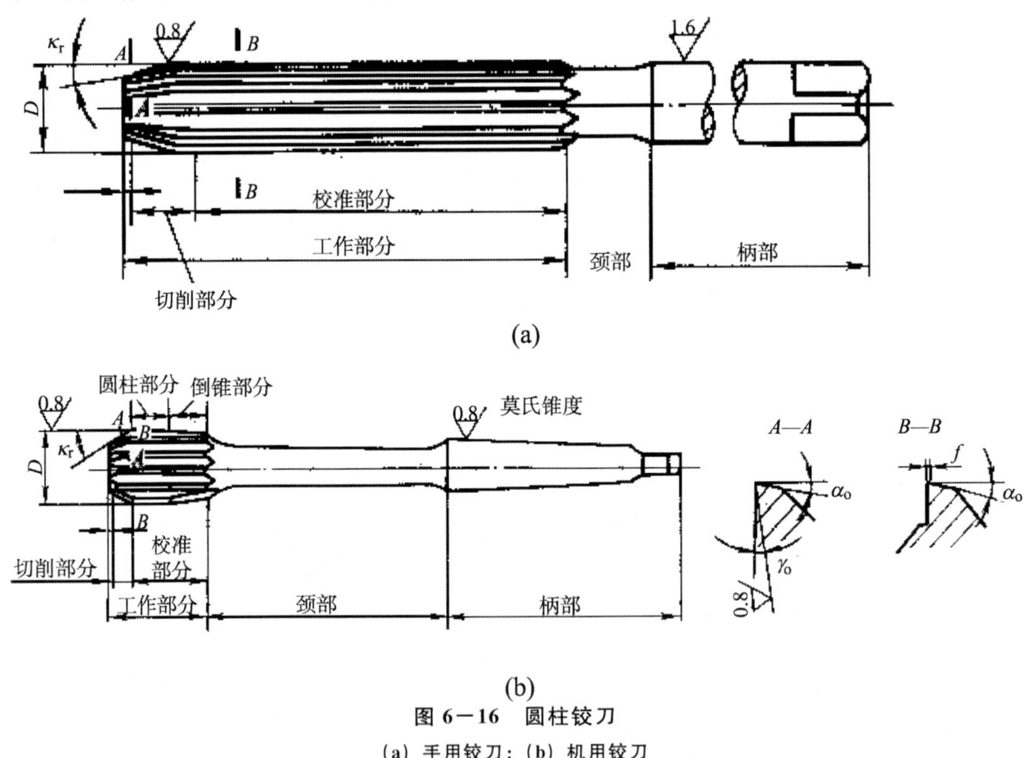


图 6－16 圆柱铰刀

(a) 手用铰刀；(b) 机用铰刀

(1) 铰刀的工作部分由引导锥、切削部分和校准部分组成。引导锥是用铰刀工作部分最前端的 45°倒角部分，便于铰削开始时将铰刀引导入孔中，并起保护切削刃的作用。切削部分是承担主要切削工作的一段锥体（切削锥角为 $2\kappa_r$），校准部分分圆柱和倒锥两部分，圆柱部分起导向、校准和修光作用，也是铰刀的刃磨部分；倒锥部分起减少摩擦和防止铰刀将孔径扩大的作用。

(2) 颈部在铰刀制造和刃磨时起空刀作用。

(3) 柄部是铰刀的夹持部分，铰削时用于传递转矩，有直柄和锥柄（莫氏标准锥度）两种。

2. 铰削余量的确定

铰孔之前，一般先车孔或扩孔，并留出铰孔余量，余量的大小直接影响铰孔的质量。余量太小，往往不能把前道工序所留下的加工痕迹铰去；余量太大，切屑挤满在铰刀的齿槽中，使切削不能进入切削区，严重影响表面粗糙度；或使切削刃负荷过大而迅速磨损，甚至崩刃。

铰削余量：高速钢铰刀为0.08～0.12mm，硬质合金铰刀为0.15～0.20mm。

3．铰孔时切削液的选择

常用切削液选用原则如下。

铰削钢件及韧性材料：乳化液、极压乳化液。

铰削铸铁、脆性材料：煤油、煤油与矿物油的混合油。

铰削青铜或铝合金：2＃锭子油或煤油。

4．铰孔时的注意事项

(1) 选用铰刀时应检查刃口是否锋利、无损，柄部是否光滑。

(2) 装夹铰刀时，应注意锥柄与锥套的清洁。

(3) 铰孔时铰刀的轴线必须与车床主轴轴线重合。

(4) 铰刀退出时，车床主轴应保持原有转向不变，不允许停车或反转，以防损坏铰刀刃口和加工表面。

(5) 应先试铰，以免造成废品。

### 6.2.7　任务实施

1．准备工作

麻花钻头 $\phi$20mm、$\phi$23mm，前排屑通孔车刀，0～200游标卡尺，内径百分表45°、90°外圆车刀，磁力表座等。

2．加工步骤

(1) 接上次训练的工件，装夹20mm长平端面，钻 $\phi20\sim\phi23$mm，精车外圆至尺寸，倒角C1。

(2) 车 $\phi24_{0}^{+0.13}$ 通孔至尺寸，倒角C1。

(3) 调头找正、夹紧，平端面至总长尺寸，车外圆至尺寸，倒角。

(4) 依次类推，找正，车内孔至尺寸，留下一道工序进行铰削。

(5) 检查。

3．评分标准

按照表6—7所给标准进行评分。

表6—7　评分表

| 序号 | 考核项目 | 考核内容及要求 | 配分 | 评分标准 | 检测结果 | 得分 |
|---|---|---|---|---|---|---|
| 1 | 外圆 | $\phi57_{-0.06}^{-0.03}$mm、$Ra3.2\mu m$ | 10 | | | |
| 2 | 内孔 | $\phi24_{0}^{+0.13}$mm、$Ra3.2\mu m$ | 10 | | | |
| 3 | | $\phi25_{0}^{+0.13}$mm、$Ra3.2\mu m$ | 10 | | | |
| 4 | | $\phi26_{0}^{+0.13}$mm、$Ra3.2\mu m$ | 10 | | | |
| 5 | | $\phi27_{0}^{+0.52}$mm、$Ra3.2\mu m$ | 10 | | | |
| 6 | | $\phi28_{0}^{+0.52}$mm、$Ra3.2\mu m$ | 10 | | | |
| 7 | | $\phi29_{0}^{+0.52}$mm、$Ra3.2\mu m$ | 10 | | | |

续表

| 序号 | 考核项目 | 考核内容及要求 | 配分 | 评分标准 | 检测结果 | 得分 |
|---|---|---|---|---|---|---|
| 8 | 长度 | 51mm | 5 | | | |
| 9 | 倒角 | C1（4 处） | 5 | | | |
| 10 | 设备及工量刃具的使用维护 | 工、量、刃具的合理使用与保养 | 10 | 不符合要求酌情扣 1～10 分 | | |
| 11 | | 操作车床并及时发现一般故障 | | | | |
| 12 | | 车床的润滑 | | | | |
| 13 | | 车床的保养工作 | | | | |
| 14 | 安全与其他 | 正确执行安全技术操作规程 | 10 | 一项不符合要求扣 2 分，发生较大事故取消考核资格 | | |
| 15 | | 工作服正确穿戴 | | | | |
| 总分 | | | | | | |

### 6.2.8　任务评价与分析

**任务评价表**

班级____________学生姓名____________学号________

| 项目 | 自我评价（分） | | | 小组评价（分） | | | 教师评价（分） | | |
|---|---|---|---|---|---|---|---|---|---|
| | 10～9 | 8～6 | 5～1 | 10～9 | 8～6 | 5～1 | 10～9 | 8～6 | 5～1 |
| | 占总评 10% | | | 占总评 30% | | | 占总评 60% | | |
| 钻孔、车孔和铰孔 | | | | | | | | | |
| 工作态度 | | | | | | | | | |
| 学习主动性 | | | | | | | | | |
| 纪律观念 | | | | | | | | | |
| 协作精神 | | | | | | | | | |
| 工作质量 | | | | | | | | | |
| 小计 | | | | | | | | | |
| 总评 | | | | | | | | | |

任课教师：　　　　年　月　日

## 思考与练习

1. 车孔的关键技术是什么？

2. 简述通孔车刀和盲孔车刀的几何角度及用途。

3. 铰刀的组成及铰削余量是什么？

## 6.3　车台阶孔

**学习目标**

1. 能区分并选择通孔车刀和盲孔车刀。
2. 能刃磨车孔刀。
3. 掌握车孔的关键技术。
4. 具备通孔、台阶孔和盲孔的车削技能。
5. 能利用内径百分表对加工孔径进行正确规范的测量。

### 6.3.1　任务及分析

（1）明确任务——车削轴套（图 6－17）。

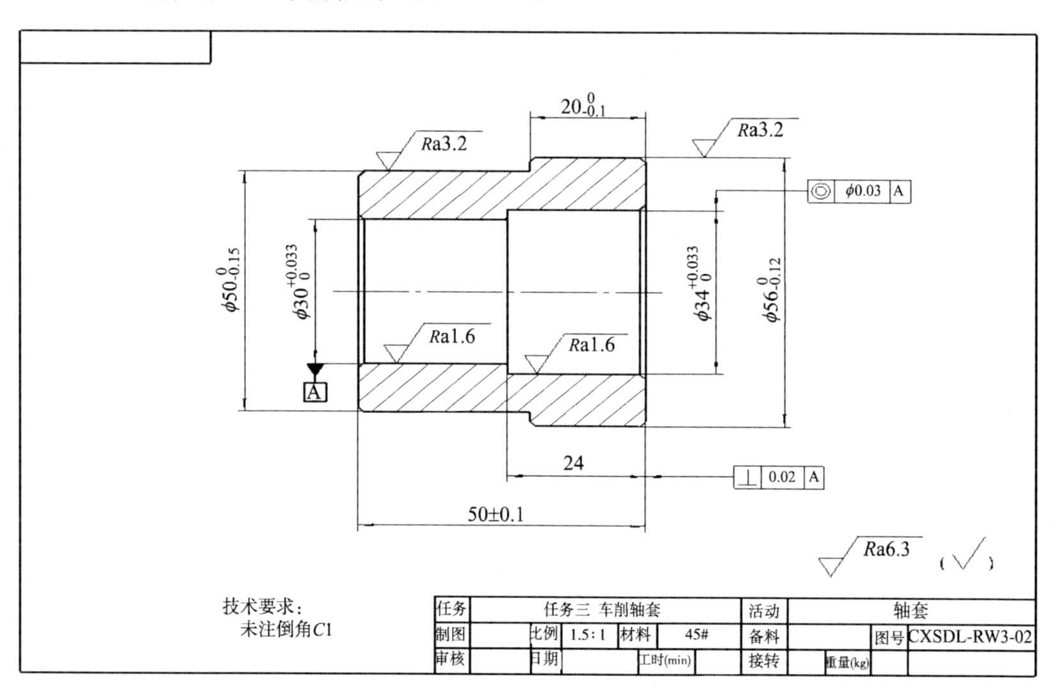


**图 6－17　车削轴套**

（2）工艺分析：车孔精度可达到 IT7～IT8 级，表面粗糙度 *R*a 值为 3.2～1.6μm，精细车削可以达到更小（*R*a 值为 0.8μm）；车孔还可以修正孔的直线度误差。为防止车孔时工件移动，可利用 $\phi50_{-0.15}^{0}$ mm×30mm 的外圆部分作为限位台阶。考虑到内孔 $\phi34_{0}^{+0.033}$ mm 对 $f30_{0}^{+0.033}$ 基准轴线的同轴度要求为 0.03，所以这两个内孔尺寸要求一次装夹中加工，保证是"一刀活"。由于内孔 $\phi34_{0}^{+0.033}$ mm 可以采用铰孔，要留出铰孔余量。

### 6.3.2 相关理论

1. 车孔时的注意事项

(1) 车孔刀的刀柄细长，刚度低，车孔时冷却、排屑、测量、观察都比较困难，故要重视并抓住这些关键技术。

(2) 车孔刀装夹得正确与否，直接影响车削情况及孔的精度。车孔刀装夹好后，在车孔前先在孔内试走一遍，检查有无碰撞现象，以确保安全。

(3) 车孔时的切削用量应选得比车外圆时小。车孔时的背吃刀量 $a_p$ 是内孔余量的一半；进给量 $f$ 比车外圆时小 20%～40%，切削速度 $v_c$ 比车外圆时低 10%～20%。

(4) 车孔时中滑板进、退方向与车外圆时相反。

(5) 精车内孔时，应保持切削刃锋利，不然会产生“让刀”把孔车成锥形。

(6) 用机动进给车削台阶孔时，要防止内孔车刀与台阶碰撞，在内孔车刀刀尖接近孔底面时，必须改机动进给为手动进给。

(7) 车内孔应防止喇叭口和出现试刀痕迹。

2. 车孔时产生废品的原因及预防方法

车孔时产生废品的原因及方法见表 6－8。

**表 6－8 车孔时产生废品的原因及预防方法**

| 废品种类 | 产生原因 | 预防措施 |
|---|---|---|
| 孔的尺寸大 | (1) 车孔时，没有仔细测量<br>(2) 铰孔时，主轴转速太高，铰刀温度上升，切削液供应不足<br>(3) 铰孔时，铰刀尺寸大于要求，尾座偏移 | (1) 仔细测量和进行试车削<br>(2) 降低主轴转速，加注充足的切削液<br>(3) 检查铰刀尺寸，校正尾座轴线，采用浮动套筒 |
| 孔的圆柱度超差 | (1) 车孔时，刀柄过细，刀刃不锋利，造成让刀现象，孔径外大内小<br>(2) 车孔时，主轴中心线与导轨不平行<br>(3) 铰孔时，尾座偏移等原因使孔口扩大 | (1) 增加刀柄刚度，保证车刀锋利<br>(2) 调整主轴轴线与导轨的平行度<br>(3) 校正尾座，或采用浮动套筒 |
| 孔的表面粗糙度大 | (1) 车孔与车轴类工件表面粗糙度达不到要求的原因相同，其中，内孔车刀磨损和刀柄产生振动尤其突出<br>(2) 铰孔时，铰刀磨损或切削刃上有崩口、毛刺<br>(3) 铰孔时，切削液和切削速度选择不当，产生积削瘤<br>(4) 铰孔余量不均匀和铰孔余量过大或过小 | (1) 关键要保持内孔车刀的锋利和采用刚度较高的刀柄<br>(2) 修磨铰刀，刃磨后保管好，防止碰毛<br>(3) 铰孔时采用 5m/min 以下的切削速度，并正确选用和加注切削液<br>(4) 正确选择铰孔余量 |
| 同轴度和垂直度超差 | (1) 用一次装夹方法车削时，工件移位或机床精度不高<br>(2) 用软卡爪装夹时，软卡爪没有车好<br>(3) 用心轴装夹时，心轴中心孔碰毛，或心轴本身同轴度超差 | (1) 工件装夹牢固，减小切削用量，调整车床精度<br>(2) 软卡爪应在本车床上车出，直径与工件装夹尺寸基本相同<br>(3) 心轴中心孔应保存好，如碰毛可研修中心孔，如心轴弯曲可校直或更换 |

### 6.3.3　任务实施

1. 准备工作

前排屑通孔车刀，后排屑盲孔车刀，0～200 游标卡尺，内径百分表，45°、90°外圆车刀，磁力表座等。

2. 加工步骤

(1) 接上次训练的工件，装夹 18mm 长平端面，精车外径 $\phi50_{-0.15}^{\ 0}$ mm×30mm，倒角 $C1$。

(2) 调头装夹 $\phi50_{-0.15}^{\ 0}$ mm×30mm 作为限位台阶，平端面，至总长尺寸。车 $\phi30_{\ 0}^{+0.033}$ mm 留精铰余量，车 $\phi34_{\ 0}^{+0.033}$ mm×24mm 至尺寸，倒角 $C1$，$\phi56_{-0.12}^{\ 0}$ mm×$\phi30_{\ 0}^{+0.033}$ mm，倒角 $C1$。

(3) 铰孔 $\phi30_{\ 0}^{+0.033}$ mm

(4) 检查。

3. 评分标准

按照表 6—9 所给标准进行评分。

**表 6—9　评分表**

| 序号 | 考核项目 | 考核内容及要求 | 配分 | 评分标准 | 检测结果 | 得分 |
|---|---|---|---|---|---|---|
|  | 外圆 | $\phi56_{-0.12}^{\ 0}$ mm、$Ra$3.2μm | 10 |  |  |  |
|  |  | $\phi50_{-0.15}^{\ 0}$ mm、$Ra$3.2μm | 10 |  |  |  |
|  | 内孔 | $\phi30_{\ 0}^{+0.033}$ mm、$Ra$1.6μm | 15 |  |  |  |
|  |  | $\phi34_{\ 0}^{+0.033}$ mm、$Ra$1.6μm | 15 |  |  |  |
|  | 长度 | (50±0.1) mm | 5 |  |  |  |
|  |  | 24mm | 5 |  |  |  |
|  |  | $20_{-0.1}^{\ 0}$ mm | 5 |  |  |  |
|  | 形位公差 | ◎ $\phi$0.03 A | 10 |  |  |  |
|  | 倒角 | $C1$ (5 处) | 5 |  |  |  |
| 11 | 设备及工量刃具的使用维护 | 工、量、刃具的合理使用与保养 | 10 | 不符合要求酌情扣 1～10 分 |  |  |
| 12 |  | 操作车床并及时发现一般故障 |  |  |  |  |
| 13 |  | 车床的润滑 |  |  |  |  |
| 14 |  | 车床的保养工作 |  |  |  |  |
| 15 | 安全与其他 | 正确执行安全技术操作规程 | 10 | 一项不符合要求扣 2 分，发生较大事故取消考核资格 |  |  |
| 16 |  | 工作服正确穿戴 |  |  |  |  |
| 总分 |  |  |  |  |  |  |

### 6.3.4 任务评价与分析

**任务评价表**

班级________学生姓名________学号________

| 项目 | 自我评价（分） | | | 小组评价（分） | | | 教师评价（分） | | |
|---|---|---|---|---|---|---|---|---|---|
| | 10～9 | 8～6 | 5～1 | 10～9 | 8～6 | 5～1 | 10～9 | 8～6 | 5～1 |
| | 占总评 10% | | | 占总评 30% | | | 占总评 60% | | |
| 车削轴套 | | | | | | | | | |
| 工作态度 | | | | | | | | | |
| 学习主动性 | | | | | | | | | |
| 纪律观念 | | | | | | | | | |
| 协作精神 | | | | | | | | | |
| 工作质量 | | | | | | | | | |
| 小计 | | | | | | | | | |
| 总评 | | | | | | | | | |

任课教师：　　　年　月　日

### 思考与练习

1. 简述车孔时的注意事项。

2. 简述通孔、台阶孔和盲孔的车削技能。

# 任务七　车圆锥

## 学习目标

1. 能按照车间安全防护规定穿戴劳保用品，执行安全操作规程牢固树立正确的安全文明操作意识。

2. 能通过教师讲解、查阅资料、教科书等掌握车圆锥有关计算的能力。

3. 具有查阅圆锥相关的技术资料的能力。

4. 认识常用的标准工具圆锥：莫氏圆锥和米制圆锥。

5. 能根据圆锥零件图样，合理选择工、量、刃具。

6. 能准确规范地测量圆锥零件的形状和位置误差。

## 7.1　转动小滑板法车圆锥体

**学习目标**

1. 具备用转动小滑板法车外圆锥的技能。
2. 熟练掌握用圆锥套规检测圆锥的方法。
3. 了解宽刃刀车削外圆锥的方法。

### 7.1.1　任务及分析

1. 明确任务

明确任务——转动小滑板法车圆锥（图7—1）。

2. 工艺分析

（1）车圆锥时，除了对线性尺寸精度、形状和位置精度以及表面质量有较高的要求外，还对角度（锥度）有较高的精度要求。因此，车削时要同时保证尺寸精度和圆锥角度。

（2）一般先保证圆锥角度，然后精车控制线性尺寸。

（3）圆锥面的车削方法主要有转动小滑板法、宽刃刀车削法、偏移尾座法、仿形法、铰内圆锥法以及在数控机床上车圆锥等。

（4）图样上所示圆锥的锥度是莫氏3号，圆锥长度为86mm，表面粗糙度 $Ra$ 值为1.6μm，可采用转动小滑板法车圆锥。

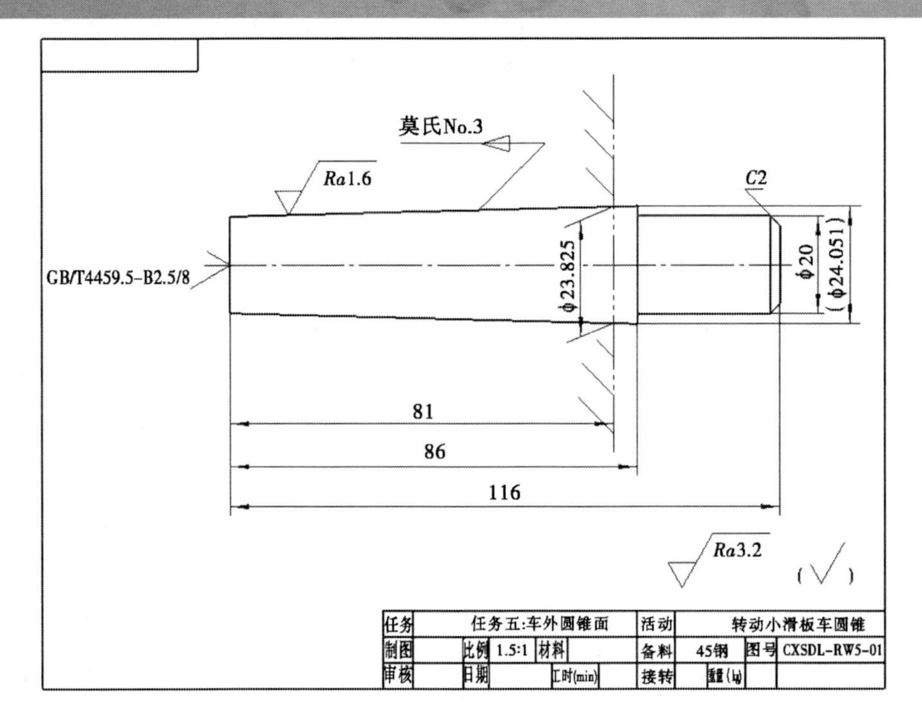


图 7—1 转动小滑板法车圆锥

本课题主要学习和掌握转动小滑板法和偏移尾座法两种车削外圆锥面的方法。

### 7.1.2 圆锥的基本参数及其计算

1. 圆锥的基本参数及其计算公式

圆锥的基本参数及其计算公式见图 7—2 和表 7—1。

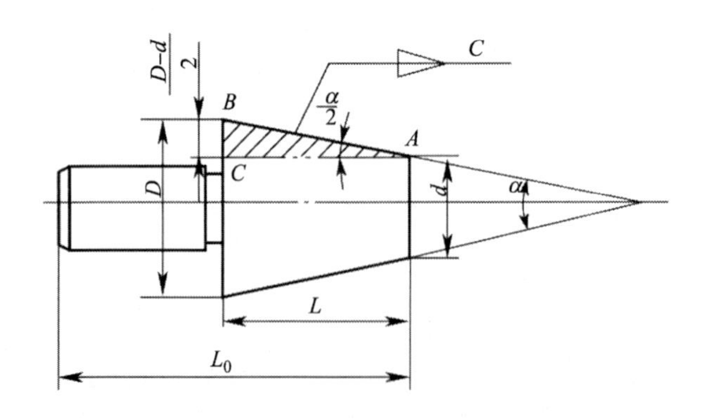


图 7—2 圆锥的基本参数

2. 圆锥基本参数的计算

【例 1】图 7—2 所示的磨床主轴圆锥，已知锥度 $C=1:5$，最大圆锥直径 $D=45$mm，圆锥长度 $L=50$mm，求最小圆锥直径 $d$。

**表 7—1　圆锥的基本参数的代号、定义及计算公式**

| 基本参数 | 代号 | 定义 | 计算公式 | |
|---|---|---|---|---|
| 圆锥角 | $\alpha$ | 在通过圆锥轴线的截面内，两条素线之间的夹角 | — | 圆锥角、圆锥半径与锥度属于同一参数，不能同时标 |
| 圆锥半角 | $\frac{\alpha}{2}$ | 圆锥角的一半，是车圆锥面时小滑板转过的角度 | $\tan\frac{\alpha}{2}=\frac{D-d}{2L}$ $=\frac{C}{2}$ | |
| 锥度 | $C$ | 圆锥的最大圆锥直径和最小圆锥直径之差与圆锥长度之比<br>锥度用比例或分数形式表示 | $C=\frac{D-d}{L}$ $=2\tan\frac{\alpha}{2}$ | |
| 最大圆锥直径 | $D$ | 简称大端直径 | $D=d+CL=d+2L\tan\frac{\alpha}{2}$ | |
| 最小圆锥直径 | $d$ | 简称小端直径 | $d=D-CL=D-2L\tan\frac{\alpha}{2}$ | |
| 圆锥长度 | $L$ | 最大圆锥直径与最小圆锥直径之间的轴向距离，工件全长一般用 $L_0$ 表示 | $L=(D-d)/C$ $=(D-d)/(2\tan\frac{\alpha}{2})$ | |

解：根据公式可得

$$d=D-CL=45\text{mm}-\frac{1}{5}\times 50\text{mm}=35\text{mm}$$

【例 2】车削一圆锥面，已知圆锥半角 $\alpha/2=3°15'$，最小圆锥直径 $d=12\text{mm}$，圆锥长度 $L=30\text{mm}$，求最大圆锥直径 $D$。

解：根据公式可得 $D=d+2L\tan\frac{\alpha}{2}$

$$=12\text{mm}+2\times 30\text{mm}\times\tan 3°15'$$
$$=12\text{mm}+2\times 30\text{mm}\times 0.05678$$
$$=15.4\text{mm}$$

### 7.1.3　转动小滑板法

转动小滑板法，就是将小滑板沿顺时针或逆时针方向按工件的圆锥半角 $\alpha/2$ 转动一个角度，使车刀的运动轨迹与所需加工圆锥在水平轴平面内的素线平行，用双手配合均匀不间断转动小滑板手柄，手动进给车削圆锥面的方法，如图 7—3 和图 7—4 所示。

1. 转动小滑板车外圆锥面的特点

（1）能车削圆锥角 $\alpha$ 较大的圆锥面。

（2）能车削整圆锥表面和圆锥，应用范围广且操作简单。

（3）在同一工件上车削不同锥角的圆锥面对，调整角度方便。

（4）只能手动进给，劳动强度大，工件表面粗糙度值较难控制，只适用于单件、小批量生产。

（5）受小滑板行程的限制，只能加工素线长度不长的圆锥面。

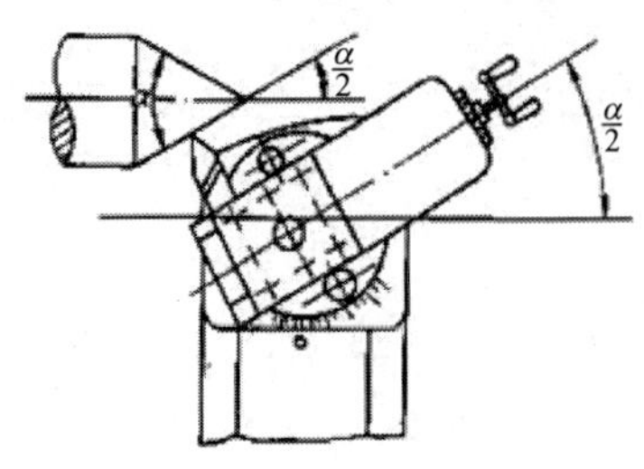


图 7—3 转动小滑板法车圆锥

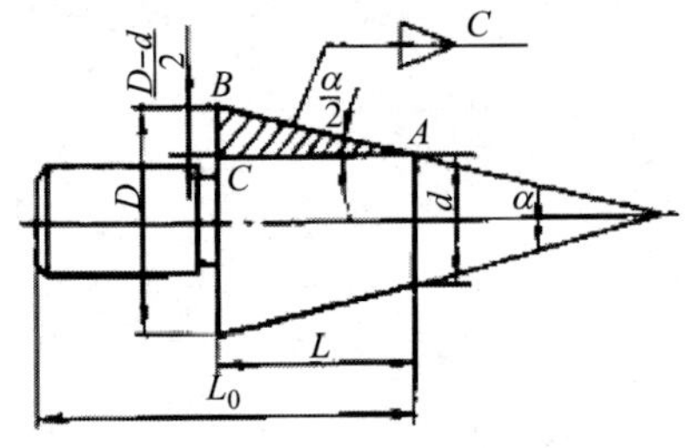


图 7—4 圆锥的计算

2. 小滑板转动角度计算

小滑板转动的角度，根据被加工工件的已知条件，可由式（7—1）计算求得。

$$\tan\frac{\alpha}{2}=\frac{1}{2}C=\frac{D-d}{2L} \tag{7—1}$$

式中，$\alpha/2$ 为圆锥半角（即小滑板转动的角度）；$C$ 为锥度；$D$ 为圆锥大端直径，mm；$d$ 为圆锥小端直径，mm；$L$ 为圆锥大端直径与小端直径处的轴向距离，mm。

注意：当圆锥半角 $\alpha/2<6°$时，可以用下列近似公式（7—2）计算：

$$\frac{\alpha}{2}\approx 28.7°\times\frac{D-d}{L}=28.7°\cdot C \tag{7—2}$$

### 7.1.4 转动小滑板法车外圆锥的车削方法

1. 车刀的装夹

（1）工件的回转中心必须与车床主轴的回转中心重合。

（2）车刀的刀尖必须严格对准工件的回转中心，否则车出的圆锥素线不是直线，而是双曲线。

（3）车刀的装夹方法及车刀刀尖对准工件回转中心的方法与车端面时装刀方法相同。

2. 转动小滑板的方法

（1）用扳手将小滑板下面转盘上的两个螺母松开。

（2）按工件上外圆锥面的倒、顺方向确定小滑板的转动方向：①车削正外圆锥（又称顺锥）面，即圆锥大端靠近主轴、小端靠近尾座方向，小滑板应逆时针方向转动，如图 7—5 所示。②车削反外圆锥（又称倒锥）面，小滑板则应顺时针方向转动。

（3）根据确定的转动角度（$a/2$）和转动方向转动小滑板至所需位置，使小滑板基准零线与圆锥半角（$a/2$）刻线对齐，然后锁紧转盘上的螺母。

（4）当圆锥半角（$a/2$）不是整数值时，其小数部分用目测的方法估计，大致对准后再通过试车逐步找正。

转动小滑板时，可以使小滑板转角略大于圆锥半角 $a/2$，但不能小于 $a/2$。转角偏小会使圆锥素线车长而难以修正圆锥长度尺寸，如图 7—6 所示。

3. 小滑板镶条地调整

车削外圆锥面前，应检查和调整小滑板导轨与镶条间的配合间隙。

配合间隙调得过紧，手动进给费力，小滑板移动不均匀。

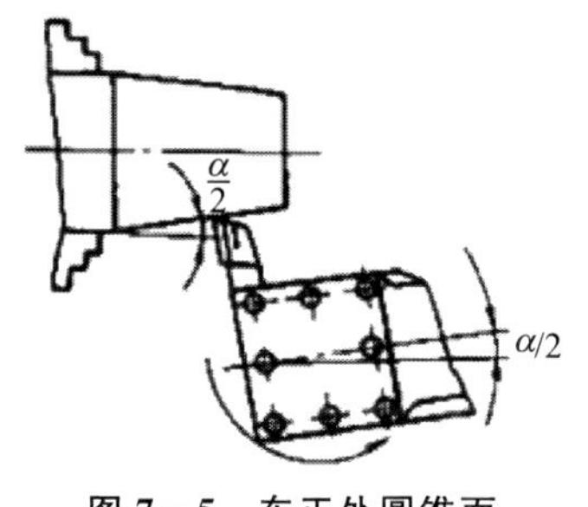

图 7—5　车正外圆锥面

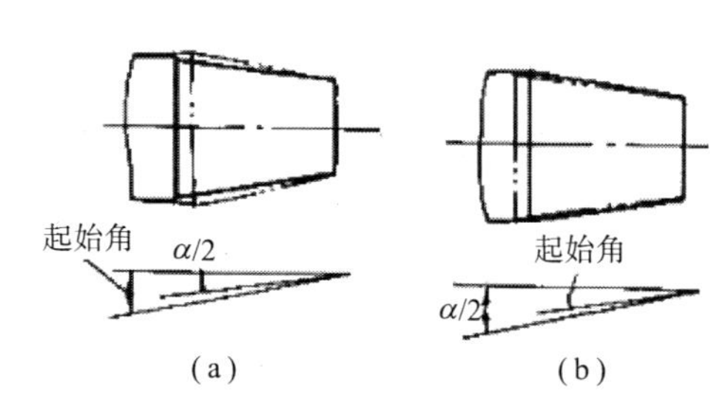

图 7—6　转动角度的影响

(a) 起始角＞α/2；(b) 起始角＜α/2

配合间隙调得过松，则小滑板间隙太大，车削时刀纹时深时浅。

配合间隙调整应合适，过紧或过松都会使车出的锥面表面粗糙度值增大，且圆锥的素线不直。

4. 粗车外圆锥面

(1) 按圆锥大端直径（增加 1mm 余量）和圆锥长度将圆锥部分先车成圆柱体。

(2) 移动中、小滑板，使车刀刀尖与轴端外圆面轻轻接触，如图 7—7 所示。然后将小滑板向后退出，中滑板刻度调至零位，作为粗车外圆锥面的起始位置。

(3) 按刻度移动中滑板向前进切并调整吃刀量，开动车床，双手交替转动小滑板手柄，手动进给速度应保持均匀一致和不间断，如图 7—8 所示。当车至终端，将中滑板退出，小滑板快速后退复位。

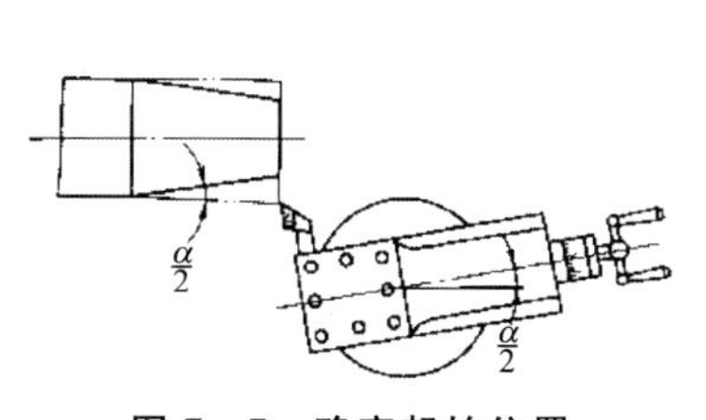

图 7—7　确定起始位置

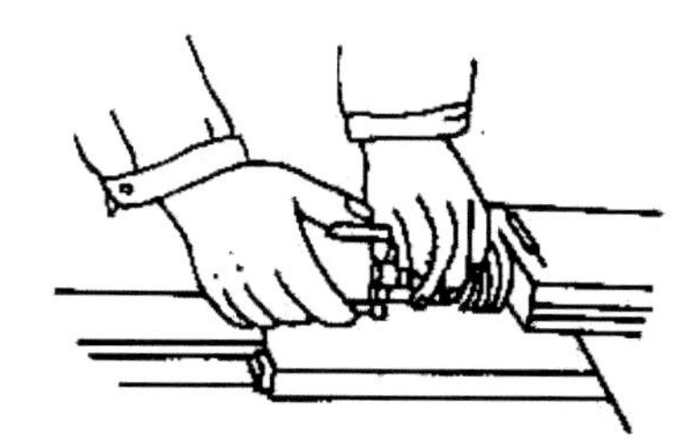
图 7—8　手动进给车外圆锥面

(4) 反复步骤 (3)，调整吃刀量、手动进给车削外圆锥面，直至工件能塞入套约 1/2为止。

(5) 用套规、样板或万能角度尺检测圆锥锥角，找正小滑板转角。

①用套规检测，将套规轻轻套在工件上，用手捏住套规左、右两端分别上下摆动（图 7—9），应均无间隙。若大端有间隙［图 7—10 (a)］，说明圆锥锥角太小；若小端有间隙［图 7—10 (b)］，说明圆锥锥角太大。这时可松开转盘螺母，按需用铜锤轻轻敲动小滑板使其微量转动，然后拧紧螺母。试车后再检测，直至找正为止。

②用万能角度尺检测，将万能角度尺调整到要测的角度，基尺通过工件中心靠在端面上，刀口尺靠在圆锥面素线上，用透光法检测（图 7—11）。

③用角度样板透光检测，如图 7—12 所示。

(6) 找正小滑板转角后，粗车圆锥面，留精车余量 0.5～1mm。

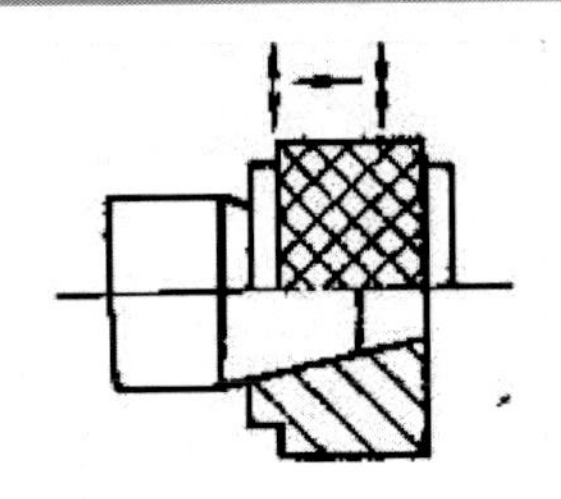

图 7—9　用套规检测圆锥锥角

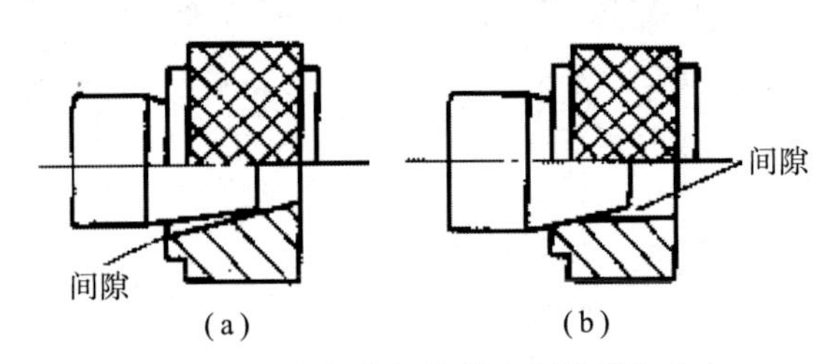


图 7—10　用间隙部位判定圆锥锥角大小

(a) 锥角太小；(b) 锥角太大

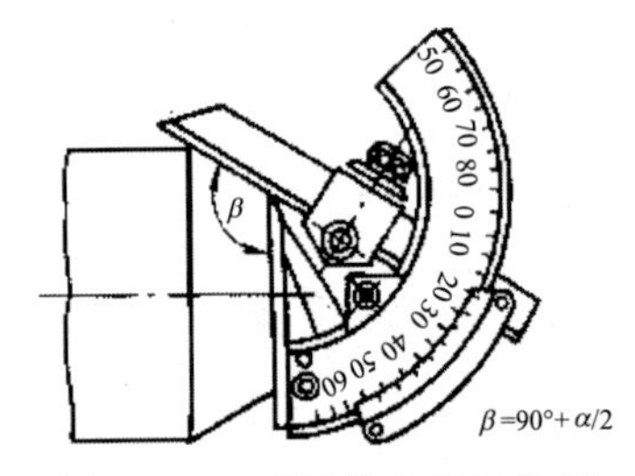


图 7—11　用万能角度尺检测

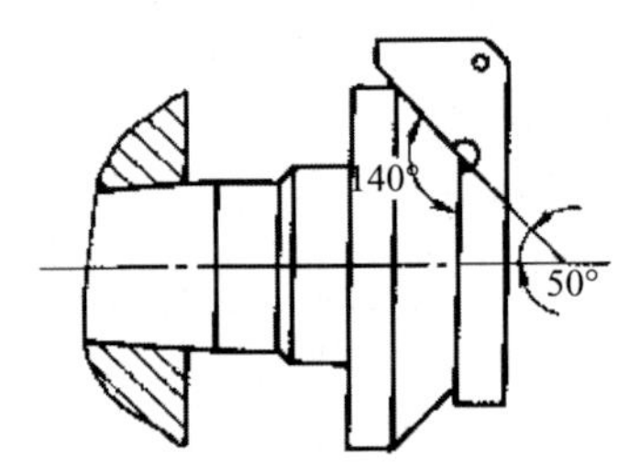


图 7—12　用角度样板检测

5. 精车外圆锥面

小滑板转角调整准确后，精车外圆锥面主要是提高工件的表面质量和控制外圆锥面的尺寸精度。因此，精车外圆锥面时，车刀必须锋利、耐磨，进给必须均匀、连续。

### 7.1.5　任务实施

1. 准备工作

检验锥度用显示剂、莫氏 3 号套规、万能角度圆弧形车刀、活顶尖、切断刀、90°车刀、45°车刀。

2. 加工步骤

(1) 夹紧 $\phi$30mm 热轧圆钢，伸出长度 50mm。

(2) 平端面，粗车 $\phi$25mm×45mm，精车 $\phi 20_{-0.13}^{\ 0}$ mm×30mm，倒角 $C2$。

(3) 平端面，取总长 116mm，打中心孔。

(4) 一夹一顶车圆锥。

(5) 检查。

3. 评分标准

按照表 7—2 进行评分。

表 7—2　评分表

| 序号 | 考核项目 | 考核内容及要求 | 配分 | 评分标准 | 检测结果 | 得分 |
|---|---|---|---|---|---|---|
| 1 | 外圆 | $\phi 24.051$mm | 10 | 超差不得分 | | |
| 2 | | $\phi 20_{-0.13}^{\ 0}$mm | 10 | 超差不得分 | | |
| 3 | | $\phi 23.825$mm | 10 | 超差不得分 | | |
| 4 | | 表面粗糙度 $Ra \leqslant 1.6\mu m$ | 20 | 不符要求不得分 | | |
| 5 | 莫氏 3 号锥度 | 锥面接触达到 80% | 30 | 不符要求不得分 | | |
| 6 | 长度 | 81mm | 5 | 超差不得分 | | |
| 7 | | 86mm | 5 | 超差不得分 | | |
| 8 | | 116mm | 5 | 超差不得分 | | |
| 9 | 倒角 | *C*2 | 5 | 不符要求不得分 | | |
| 总分 | | | | | | |

### 7.1.6　任务评价与分析

任务评价表

班级＿＿＿＿＿＿学生姓名＿＿＿＿＿＿学号＿＿＿＿

| 项目 | 自我评价（分） | | | 小组评价（分） | | | 教师评价（分） | | |
|---|---|---|---|---|---|---|---|---|---|
| | 10～9 | 8～6 | 5～1 | 10～9 | 8～6 | 5～1 | 10～9 | 8～6 | 5～1 |
| | 占总评 10% | | | 占总评 30% | | | 占总评 60% | | |
| 转动小滑板法车圆锥 | | | | | | | | | |
| 工作态度 | | | | | | | | | |
| 学习主动性 | | | | | | | | | |
| 纪律观念 | | | | | | | | | |
| 协作精神 | | | | | | | | | |
| 工作质量 | | | | | | | | | |
| 小计 | | | | | | | | | |
| 总评 | | | | | | | | | |

任课教师：　　　　年　月　日

## 思考与练习

1. 简述用转动小滑板法车外圆锥。

2. 简述用圆锥套规检测圆锥的方法。

3. 简述宽刃刀车削外圆锥的方法。

## 7.2 偏移尾座法车圆锥体

**学习目标**

1. 具备车圆锥相关计算的能力。
2. 具备快速查阅莫氏圆锥相关技术数据的能力。
3. 具备偏移尾座法车外圆锥的技能。
4. 具备用圆锥套规检验外圆锥的技能。

### 7.2.1 任务及分析

1. 明确任务

明确任务——用偏移尾座法车莫氏4号定位锥棒（图7—13）。

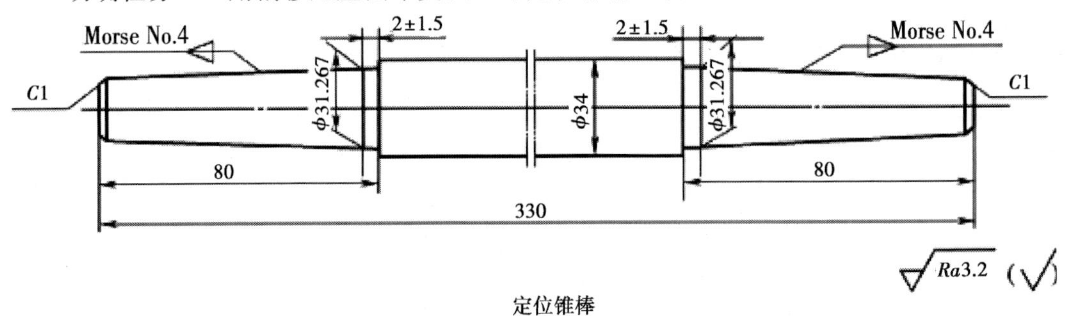


图7—13 用偏移尾座法车莫氏4号定位锥棒

2. 工艺分析

（1）定位锥棒加工的主要内容是一个外圆，两个莫氏4号圆锥，端面倒角C1mm，要求表面粗糙度 $Ra$ 值为3.2μm。

（2）零件总长330mm，圆锥长78mm，适合采用偏移尾座法车削。因为偏移尾座法适宜于加工锥度小、锥体较长的工件，并可以采用纵向自动进给，使表面粗糙度 $Ra$ 值减小，工件表面质量较好，劳动强度低。

（3）先确定尾座偏移量 $S$，再实现尾座的偏移。

（4）莫氏4号外圆锥是标准圆锥，可以使用圆锥套规用涂色法检验，其精度以接触面的大小来评定。

（5）外圆掉头装夹车另一端外圆锥时，尾座偏移量须重新调整，因为中心孔深度不同会引起工件总长 $L_0$ 的变化。

（6）锥棒的最小圆锥直径可以用圆锥套规来检验，因为锥面的缘故而无法用千分尺测量。

### 7.2.2 偏移尾座法

偏移尾座法车削外圆锥面，就是将尾座上层滑板横向偏移一个距离 $S$，使尾座偏移后，前、后两顶尖连线与车床主轴轴线相交成一个等于圆锥半角 $\alpha/2$ 的角度，当床鞍带着车刀沿着平行于主轴轴线方向移动切削时，工件就车成一个圆锥体，如图 7—14 所示。

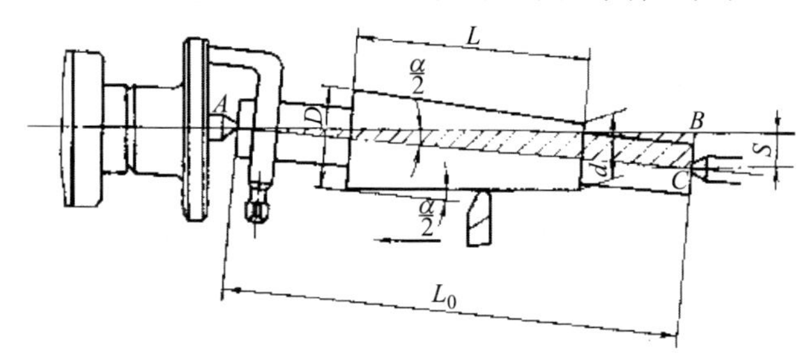


图 7—14　偏移尾座车外圆锥面

偏移尾座车外圆锥面的特点如下。

(1) 适宜于加工锥度小、精度不高、锥体较长的工件；受尾座偏移量的限制，不能加工锥度大的工件。

(2) 可以用纵向机动进给车削，使加工表面刀纹均匀，表面粗糙度值小，表面质量较好。

(3) 由于工件需用两顶尖装夹，因此不能车削整锥体，也不能车削圆锥孔。

(4) 因顶尖在中心孔中是歪斜的，接触不良，所以顶尖和中心孔磨损不均匀。

用偏移尾座法车削圆锥时，尾座的偏移量不仅与圆锥长度有关，而且还与两顶尖之间的距离有关，这段距离一般可近似地看作工件的全长 $L_0$。尾座偏移量可根据式(7—3)计算求得

$$S=L_0\tan\frac{\alpha}{2}=\frac{D-d}{2L}L_0 \text{ 或 } S=\frac{C}{2}L_0 \qquad (7-3)$$

式中，$S$ 为尾座偏移量，mm；$D$ 为圆锥大端直径，mm；$d$ 为圆锥小端直径，mm；$L$ 为圆锥大端直径与小端直径处的轴向距离（即圆锥长度），mm；$L_0$ 为工件全长，mm；$C$ 为锥度。

### 7.2.3　标准工具圆锥

1. 莫氏圆锥（Morse）

莫氏圆锥的常见参数见表 7—3。

表 7—3　莫氏圆锥的常见参数

| 莫氏圆锥号数（Morse No.） | 锥度 $C$ | 圆锥角 $\alpha$ | 圆锥角的偏差 | 圆锥半角 $\alpha/2$ | 量规刻线间距（mm） |
|---|---|---|---|---|---|
| 0 | 1∶19.212=0.05205 | 2°58′54″ | ±120″ | 1°29′27″ | 1.2 |
| 1 | 1∶20.047=0.04988 | 2°51′26″ | ±120″ | 1°25′43″ | 1.4 |
| 2 | 1∶20.020=0.04995 | 2°51′41″ | ±120″ | 1°25′50″ | 1.6 |
| 3 | 1∶19.922=0.05020 | 2°52′32″ | ±100″ | 1°26′16″ | 1.8 |
| 4 | 1∶19.254=0.05194 | 2°58′31″ | ±100″ | 1°29′15″ | 2 |

续表

| 莫氏圆锥号数（Morse No.） | 锥度 $C$ | 圆锥角 $\alpha$ | 圆锥角的偏差 | 圆锥半角 $\alpha/2$ | 量规刻线间距（mm） |
|---|---|---|---|---|---|
| 5 | 1∶19.002=0.05263 | 3°00′53″ | ±80″ | 1°30′26″ | 2 |
| 6 | 1∶19.180=0.05214 | 2°59′12″ | ±70″ | 1°29′36″ | |

图 7—15　米制圆锥

2. 米制圆锥

米制圆锥（图 7—15）有 7 个号码：4 号、6 号、80 号、100 号、120 号、160 号和 200 号。它们的号码是指圆锥的大端直径，而锥度固定不变，即 $C=1:20$；如 100 号米制圆锥的最大圆锥直径 $D=100$mm，锥度 $C=1:20$。

### 7.2.4　偏移尾座法

采用偏移尾座法车外圆锥，把尾座横向移动一段距离 $S$ 后，使工件回转轴线与车床主轴轴线相交，并使其夹角等于工件圆锥半角 $\alpha/2$。由于床鞍是沿平行于主轴轴线的进给方向移动的，就车成了一个圆锥（图 7—16）。

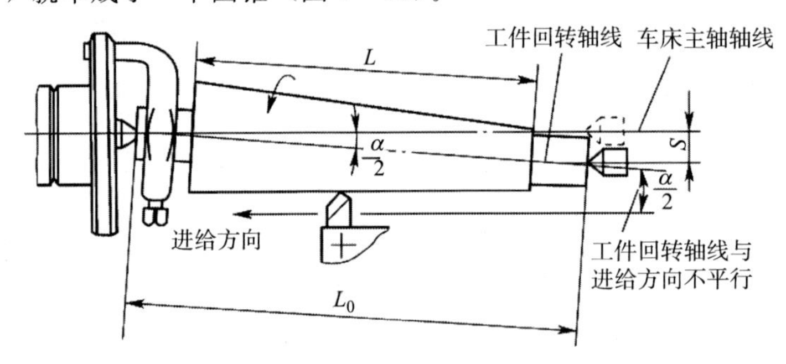


图 7—16　偏移尾座法车外圆锥

尾座偏移量 $S$ 的计算如下。

$$S \approx L_0 \tan\frac{\alpha}{2} = L_0\,\frac{D-d}{2L} \tag{7—4}$$

$$\text{或 } S = \frac{C}{2}L_0 \tag{7—5}$$

式中，$S$ 为尾座移量（mm）；$D$ 为最大圆锥直径（mm）；$d$ 为最小圆锥直径（mm）；$L$ 为圆锥长度（mm）；$L_0$ 为工件全长（mm）；$C$ 为锥度。

【例】在两顶尖之间用偏移尾座法车一外圆锥工件，已知 $D=80$mm，$d=76$mm，$L=600$mm，$L_0=1000$mm，求尾座偏移量 $S$。

解：根据公式 $S \approx L_0 \tan\frac{\alpha}{2} = L_0\,\frac{D-d}{2L}$ 可得

$$S = L_0 \frac{D-d}{2L} = 1000\text{mm} \times \frac{80\text{mm}-76\text{mm}}{2\times 600\text{mm}}$$
$$= 3.3\text{mm}$$

（1）偏移尾座的方法如图 7－17 所示。

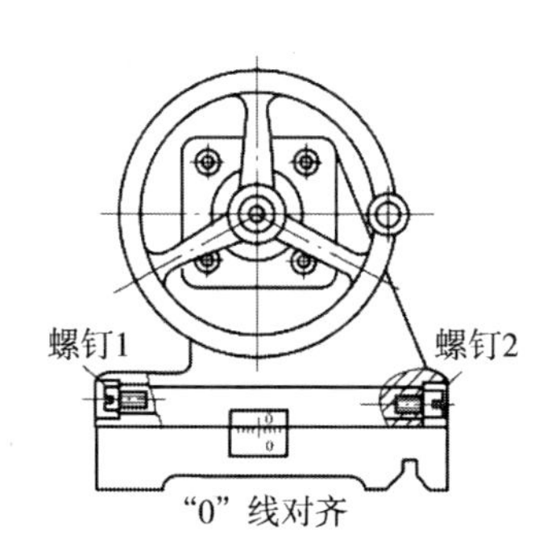

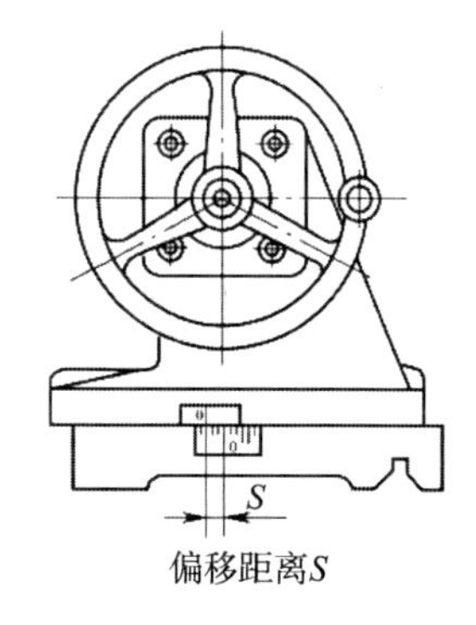


图 7－17　利用尾座刻度偏移

（2）偏移尾座法车圆锥的步骤如图 7－18 所示。

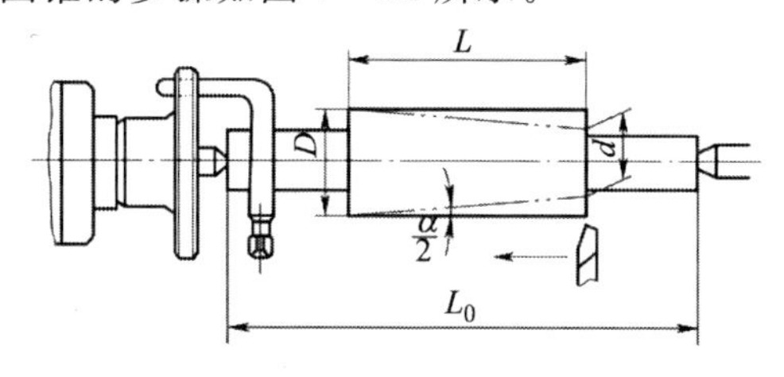


图 7－18　工件装夹

（3）偏移尾座法车外圆锥的特点：①适于加工锥度小、精度不高、锥体较长的外圆锥，因受尾座偏移量的限制，不能加工锥度大的工件。②准备工作可以采用纵向自动进给，使表面粗糙度 $Ra$ 值减小，工件表面质量较好。③因顶尖在中心孔中是歪斜的，接触不良，所以顶尖和中心孔磨损不均匀。④不能加工内圆锥和整体外圆锥。

### 7.2.5　用圆锥套规检验外圆锥

标准圆锥或配合精度要求较高的外圆锥，可使用圆锥套规检验（图 7－19）。

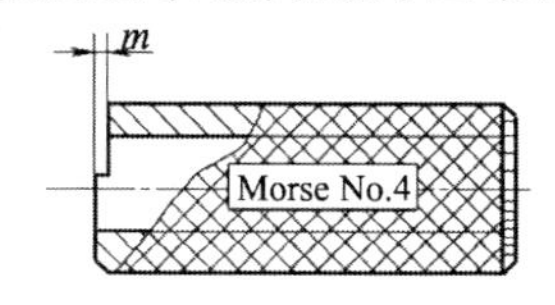

图 7－19　圆锥套规

用圆锥套规检验外圆锥的角度（锥度和尺寸）（图 7－20）。

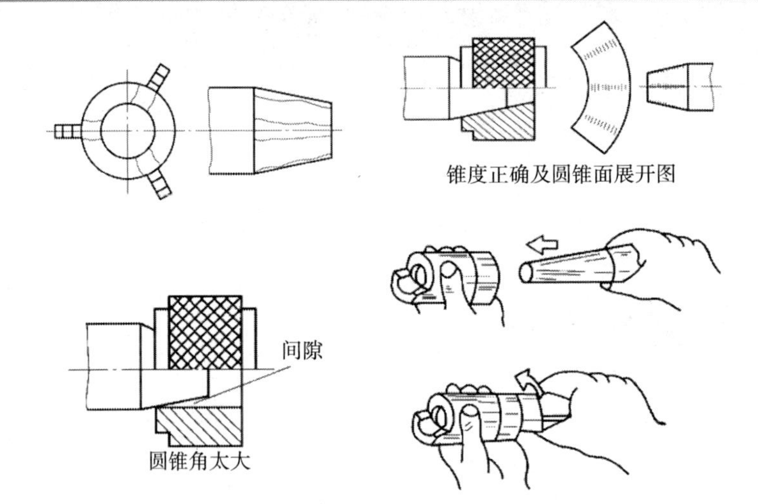


**图 7—20　用圆锥套检验外圆锥的角度**

1. 准备工作

检验锥度用显示剂、莫氏 3 号套规、万能角度圆弧形车刀、活顶尖、切断刀、90°车刀、45°车刀。

2. 加工步骤

（1）夹紧 $\phi$40mm 热轧圆钢，伸出长度 50mm。

（2）平端面，打中心孔。

（3）粗车、精车，$\phi$35mm×260mm、$\phi$32mm×79.5mm。

（4）平端面，打中心孔，取总长 330mm。

（5）一夹一顶，粗车莫氏四号圆锥。

（6）一夹一顶，精车莫氏四号圆锥。

（7）检查。

3. 评分标准

按照表 7—4 进行评分。

**表 7—4　评分表**

| 序号 | 考核项目 | 考核内容及要求 | 配分 | 评分标准 | 检测结果 | 得分 |
|---|---|---|---|---|---|---|
| 1 | 外圆 | $\phi$34mm | 10 | | | |
| 2 | | $\phi$31.267mm（2 处）<br>$Ra \leqslant 1.6\mu m$（3 处） | 20 | | | |
| 3 | 莫氏 4 号圆锥 | 配合面达到 80% | 30 | | | |
| 4 | 长度 | (2+1.5) mm | 10 | | | |
| 5 | | 330mm | 10 | | | |
| 6 | | 80mm（2 处） | 10 | | | |
| 7 | 倒角 | $C1$（2 处） | 10 | | | |
| 总分 | | | | | | |

### 7.2.6　任务评价与分析

**任务评价表**

班级＿＿＿＿＿＿＿学生姓名＿＿＿＿＿＿学号＿＿＿＿

| 项目 | 自我评价（分） | | | 小组评价（分） | | | 教师评价（分） | | |
|---|---|---|---|---|---|---|---|---|---|
| | 10～9 | 8～6 | 5～1 | 10～9 | 8～6 | 5～1 | 10～9 | 8～6 | 5～1 |
| | 占总评 10% | | | 占总评 30% | | | 占总评 60% | | |
| 偏移尾座法车定位锥棒 | | | | | | | | | |
| 工作态度 | | | | | | | | | |
| 学习主动性 | | | | | | | | | |
| 纪律观念 | | | | | | | | | |
| 协作精神 | | | | | | | | | |
| 工作质量 | | | | | | | | | |
| 小计 | | | | | | | | | |
| 总评 | | | | | | | | | |

任课教师：　　　　年　月　日

### 思考与练习

1. 简述偏移尾座法车圆锥。

2. 偏移尾座车外圆锥面的特点是什么？

3. 简述车圆锥相关计算方法。

4. 掌握用圆锥套规检验外圆锥的技能。

# 任务八　车三角形螺纹及梯形螺纹

**学习目标**

1. 能按照车间安全防护规定穿戴劳保用品，执行安全操作规程，牢固树立正确的安全文明操作意识。
2. 能通过教师讲解，查阅常用螺纹的用途、功能、材料。
3. 能正确试读螺纹轴、套零件图，熟悉各种螺纹表达方法。
4. 能根据螺纹轴、套零件图样，合理选择工、量、刃具。
5. 能正确计算螺纹各部分尺寸。
6. 能正确刃磨螺纹车刀。
7. 能准确规范地测量螺纹零件的形状和位置误差。
8. 能按车床的安全操作规程操作机床，并做好日常维护保养。
9. 能主动学习，善于总结与反思。
10. 能与他人合作，进行有效的沟通，有团队合作的精神。

## 8.1　内外三角形螺纹车刀的刃磨

**学习目标**

1. 让学生能根据图样正确选用和刃磨普通外螺纹车刀。
2. 让学生能掌握螺纹车刀的刃磨角度。
3. 让学生能正确检测螺纹车刀的刀尖角。

### 8.1.1　任务及分析

明确任务，如图 8—1 所示。

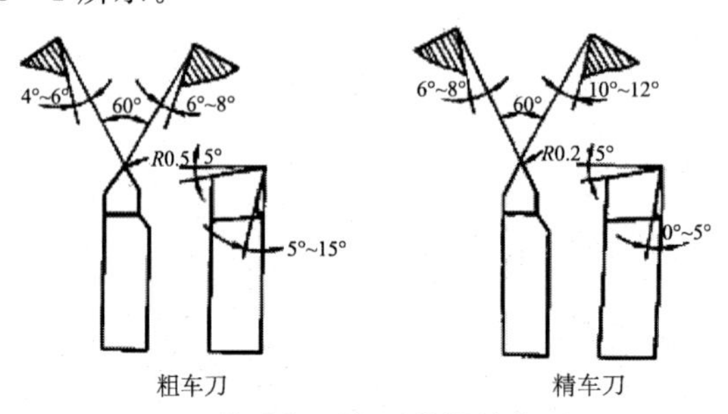


(a) 高速钢三角形外螺纹车刀

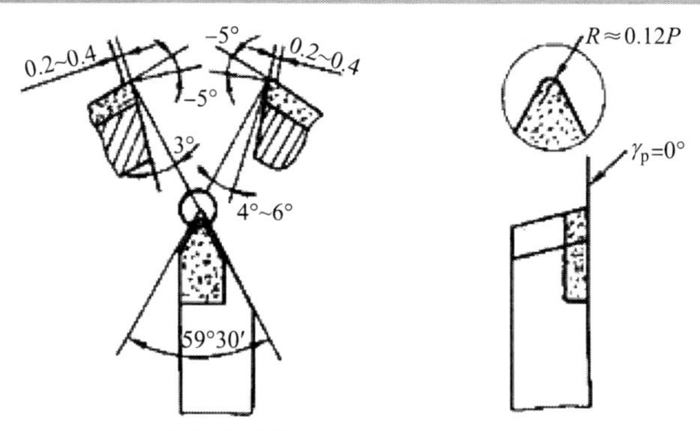


(b) 硬质合金三角形外螺纹车刀

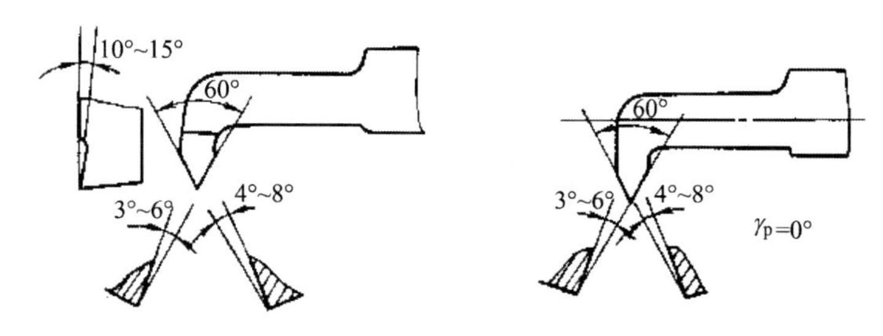


(c) 高速钢三角形内螺纹车刀

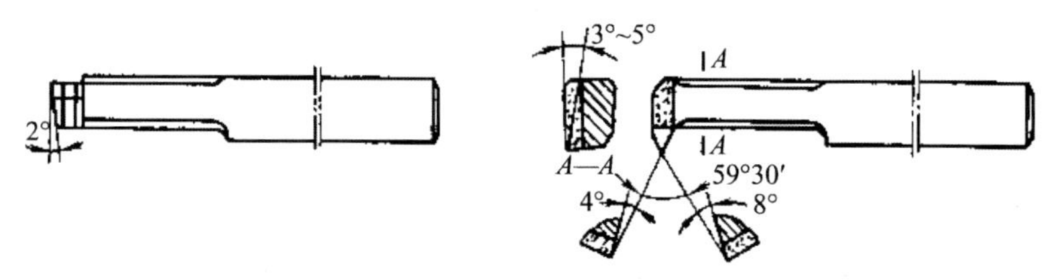


(d) 硬质合金三角形内螺纹车刀

**图 8-1　刃磨练习**

### 8.1.2　车刀材料的选择

1. 高速钢螺纹车刀

刃磨比较方便，容易得到锋利的切削刃，且韧性较好，刀尖不易崩裂，车出的螺纹表面粗糙度较小，但高速钢的耐热温度较低。

2. 硬质合金螺纹车刀

耐热温度较高，但韧性差，刃磨时容易崩裂，车削时经不起冲击。

### 8.1.3　螺纹车刀的几何参数

1. 高速钢普通外螺纹车刀

(1) 刀尖角 $\varepsilon_r$ 等于牙型角（图 8-2）。车削普通螺纹时，$\varepsilon_r=60°$。

(2) 对于高速钢螺纹车刀，粗车时，背前角 $\gamma_p=5°\sim15°$；精车时，$\gamma_p=0°\sim5°$，当背前角等于 0°时，刀尖角应等于牙型角。当背前角不等于 0°时，必须修正刀尖角。

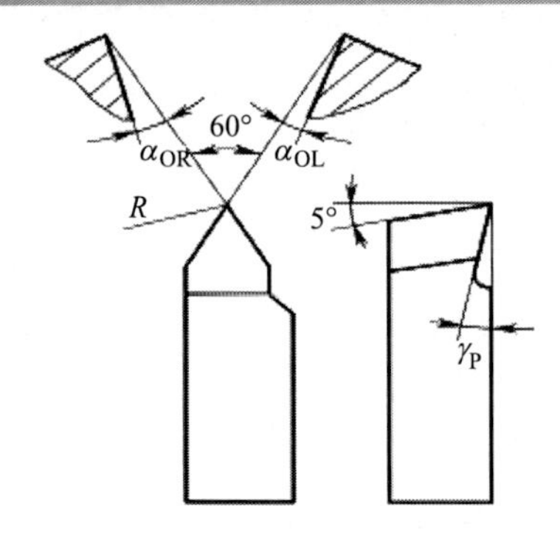


图 8－2　螺纹车刀几何参数

（3）螺纹升角 $\psi$ 对螺纹车刀工作后角的影响（表 8－1）。

表 8－1　螺纹车刀左右切削刃刃磨后角的计算公式

| 螺纹车刀的刃磨后角 | 左侧切削刃刃磨后角 $\alpha_{OL}$ | 右侧切削刃刃磨后角 $\alpha_{OR}$ |
|---|---|---|
| 车右旋螺纹 | $\alpha_{OL}=(3°\sim5°)+\psi$ | $\alpha_{OR}=(3°\sim5°)-\psi$ |
| 车左旋螺纹 | $\alpha_{OL}=(3°\sim5°)-\psi$ | $\alpha_{OR}=(3°\sim5°)+\psi$ |

（4）一般刀尖圆弧半径 $R=0.1P$。

2. 普通内螺纹车刀的几何角度

高速钢普通内螺纹车刀的几何角度见图 8－3。

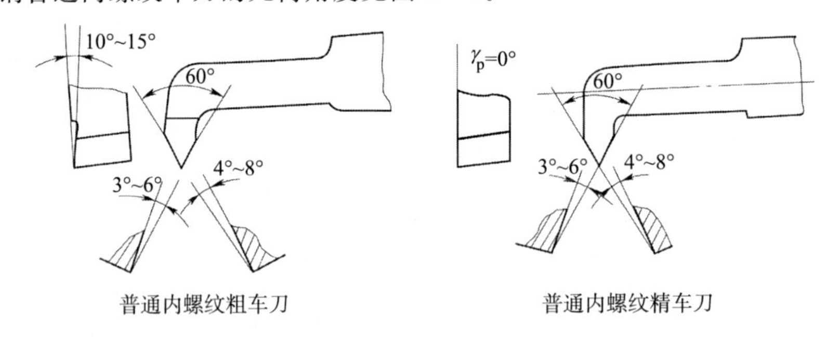


图 8－3　高速钢普通内螺纹车刀的几何角度

### 8.1.4　车刀的刃磨要求

（1）粗磨有背前角的螺纹车刀时，可先使刀尖角略大于牙型角，磨好背前角后，再修磨刀尖角。

（2）刃磨高速钢螺纹车刀时，应选用细粒度砂轮（如 80＃白刚玉砂轮），刃磨时刀具对砂轮的压力应小于一般车刀，并经常浸水冷却，以免退火。

（3）在刃磨过程中，应在砂轮表面左右移动，以利于刃口平直。

（4）刃磨时，人的站立姿势要正确。

（5）磨削时，两手握着车刀与砂轮接触的径向压力应小于硬质合金刀。

（6）一般情况下，刀尖角平分线应平行于刀体中心线。本任务所加工工件，螺纹和沟槽直径处台阶较高，可使靠近台阶的左侧切削刃短些，这样不易擦伤轴肩。

(7) 根据粗、精车的要求，磨出合理的前、后角。粗车刀前角适当大些，后角适当小些；精车刀则相反。

(8) 车刀的两侧刃必须是直线，无崩刃。

(9) 刀头不歪斜，牙型半角相等，刀尖靠近进刀一侧，便于加工时退刀安全。

(10) 内螺纹车刀刀尖角平分线必须与刀杆垂直，防止车削过程中刀杆与孔干涉。

(11) 内螺纹车刀的后角可适当大些，后面磨成圆弧形。

### 8.1.5　车刀角度的检测

进行车刀角度的检测（图 8—4）。

刃磨左侧后刀面

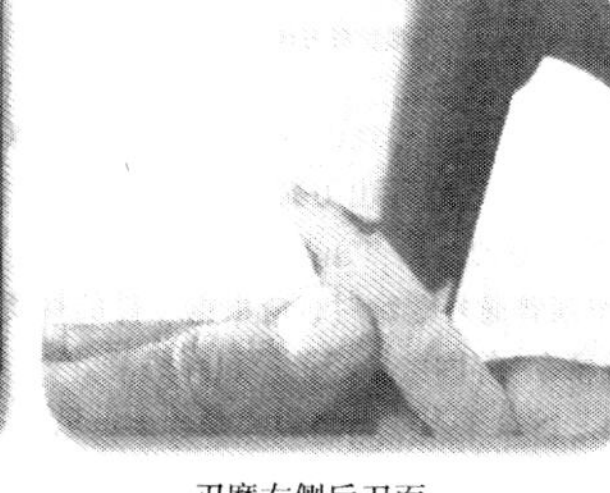

刃磨右侧后刀面

**图 8—4　车刀角度检测**

(1) 目测法：利用透光法目测检测（图 8—5 左）。

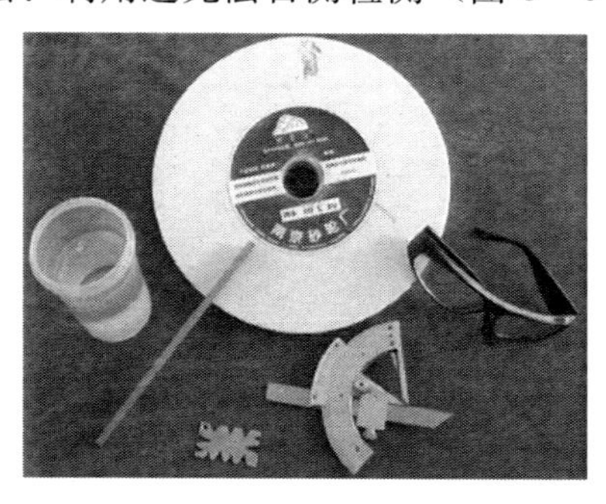

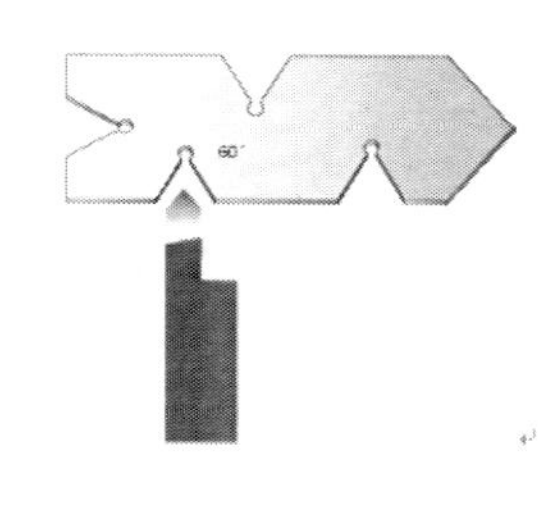


角度样板检测

**图 8—5　目测法**

(2) 角度样板及万能角度尺检测。利用角度样板检测如图 8—5（右）所示，更精确的用万能角度尺检测。

(3) 评分标准见表 8—1。

**表 8—1　评分表**

| 序号 | 考核项目 | 考核内容及要求 | 配分 | 评 分 标 准 | 检测结果 | 得分 |
| --- | --- | --- | --- | --- | --- | --- |
| 1 | 刀尖角 | $\varepsilon_r=60°$ | 20 | 不符合要求不得分 | | |
| 2 | 前角 | $\gamma_p$ | 20 | 不符合要求不得分 | | |
| 3 | 倒棱 | $b_{r1}=0.2\sim0.4$mm | 20 | 不符合要求不得分 | | |

续表

| 序号 | 考核项目 | 考核内容及要求 | 配　分 | 评 分 标 准 | 检测结果 | 得分 |
|---|---|---|---|---|---|---|
| 4 | 左侧切削刃的刃磨后角 | 车右旋螺纹<br>$\alpha_{OL}=(3°\sim5°)+\psi$<br>车左旋螺纹<br>$\alpha_{OL}=(3°\sim5°)+\psi$ | 20 | 不符合要求不得分 | | |
| 5 | 右侧切削刃的刃磨后角 | 车右旋螺纹<br>$\alpha_{OR}=(3°\sim5°)-\psi$<br>车左旋螺纹<br>$\alpha_{OR}=(3°\sim5°)+\psi$ | 20 | 不符合要求不得分 | | |
| 总分 | | | | | | |

### 8.1.6　任务评价与分析

**任务评价表**

班级＿＿＿＿＿＿学生姓名＿＿＿＿＿＿学号＿＿＿＿

| 项目 | 自我评价（分） | | | 小组评价（分） | | | 教师评价（分） | | |
|---|---|---|---|---|---|---|---|---|---|
| | 10～9 | 8～6 | 5～1 | 10～9 | 8～6 | 5～1 | 10～9 | 8～6 | 5～1 |
| | 占总评 10% | | | 占总评 30% | | | 占总评 60% | | |
| 内外三角形螺纹车刀的刃磨 | | | | | | | | | |
| 工作态度 | | | | | | | | | |
| 学习主动性 | | | | | | | | | |
| 纪律观念 | | | | | | | | | |
| 协作精神 | | | | | | | | | |
| 工作质量 | | | | | | | | | |
| 小计 | | | | | | | | | |
| 总评 | | | | | | | | | |

任课教师：　　　　年　月　日

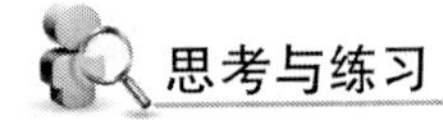
思考与练习

1. 螺纹车刀角度的检测方法是什么？

2. 螺纹车刀的刃磨要求有哪些？

3. 螺纹车刀左右切削刃刃磨后角如何计算？

# 8.2　车三角形外螺纹

**学习目标**

1. 能正确装夹螺纹车刀。
2. 具备低速车削普通外螺纹的技能。
3. 具备检测普通外螺纹的技能。

### 8.2.1　任务及分析

（1）明确任务——车削螺纹轴（图 8—6）。

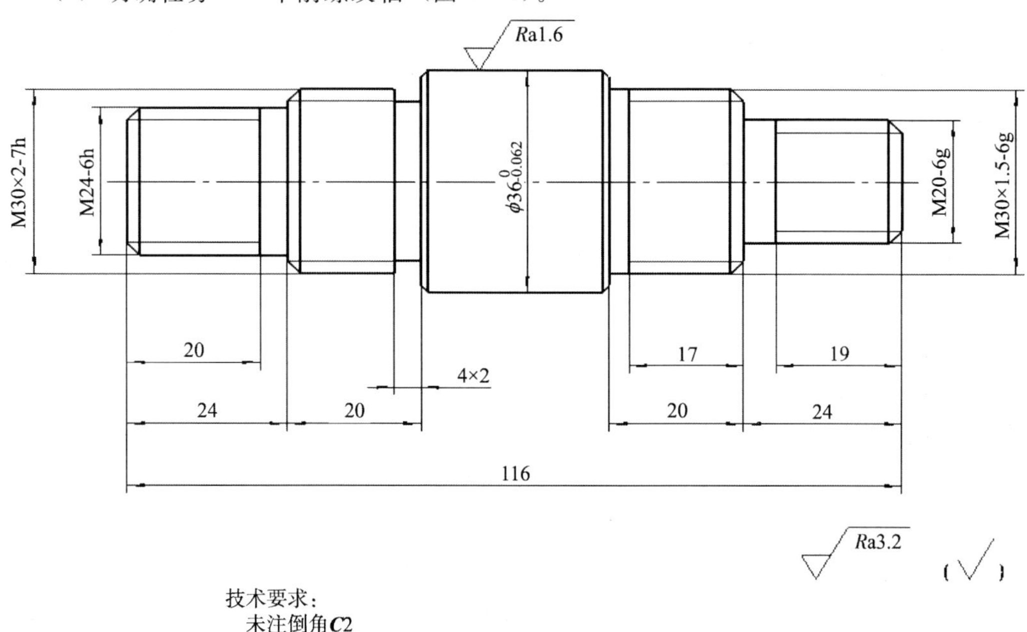


图 8—6　车削螺纹轴

（2）工艺分析：采用三抓卡盘装夹和一夹一顶装夹来进行加工，再半精车之后车槽，最后车螺纹。

### 8.2.2　螺纹的基本参数

1. 螺纹的类型

螺纹的类型如图 8—7 所示。

2. 螺纹的基本尺寸

（1）螺纹大径：即螺纹的最大直径，与外螺纹牙顶或内螺纹牙底相切的假想圆柱或圆锥的直径。外螺纹 $d$；内螺纹 $D$。

（2）螺纹公称直径：代表螺纹尺寸的直径，一般指螺纹大径基本尺寸。

（3）螺纹小径：

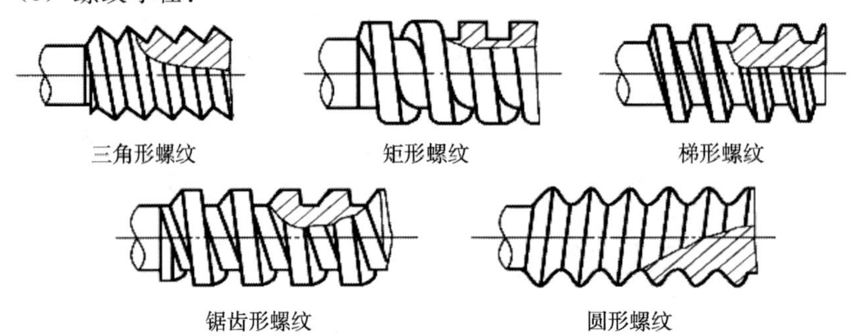


**图 8—7　螺纹的类型**

即螺纹的最小直径，与外螺纹牙底或内螺纹牙顶相切的假想圆柱或圆锥的直径。外螺纹 $d_1$；内螺纹 $D_1$。

（4）螺纹中径：介于螺纹大径与小径之间，中径上牙型沟槽和凸起宽度相等。外螺纹 $d_2$；内螺纹 $D_2$。

（5）螺距 $P$：相邻两牙在中径线上对应两点间的轴向距离。

（6）导程 $P_h$：同一条螺旋线上相邻两牙在中径线上对应两点间的轴向距离。

（7）牙型高度 $h_1$：在螺纹牙型上，牙顶到牙底在垂直于螺纹轴线方向上的距离。

（8）牙型角 $\alpha$：在螺纹牙型上，相邻两牙侧间的夹角。

（9）线数：螺纹螺旋线数目，一般为便于制造，选取 $n \leqslant 4$。

### 8.2.3　螺纹车刀的装夹

（1）车刀的刀尖角等于螺纹牙型角 $\alpha=60°$；

（2）其前角 $\gamma_p=0°$才能保证工件螺纹的牙型角，否则牙型角将产生误差；只有粗加工时或螺纹精度要求不高时，其前角可取 $\gamma_p=5°\sim20°$；

（3）安装螺纹车刀时刀尖对准工件中心，并用样板对刀，以保证刀尖角的角平分线与工件的轴线相垂直，车出的牙型角才不会偏斜。

### 8.2.4　三角形外螺纹车前准备

（1）尺寸确定。外螺纹实际尺寸：$d_{前}=d-0.13P$。背吃刀量：$a_p=1.3P$。

（2）机床调整。调整机床间隙、操作手柄的调整。

### 8.2.5　三角形外螺纹的制作方法

1. 抬开合螺母法

利用开合螺母的压下和抬起来车削螺纹。只适用于丝杆螺距是工件螺距整数倍时（图 8—8）。

**图 8－8　抬开合螺母法**

2. 正、反车车螺纹

利用机床主轴的正、反转来车削螺纹。适用于任何螺距的加工。

(1) 确定车螺纹切削深度的起始位置，将中滑板刻度调到零位，开车，使刀尖轻微接触工件表面，然后迅速将中滑板刻度调至零位，以便于进刀记数。

(2) 试切第一条螺旋线并检查螺距。将床鞍摇至离工件端面 8～10 牙处，横向进刀 0.05 左右。开车，合上开合螺母，在工件表面车出一条螺旋线，至螺纹终止线处退出车刀，开反车把车刀退到工件右端；停车，用钢尺检查螺距是否正确。如图 8－9 (a) 所示。

(3) 用刻度盘调整背吃刀量，开车切削，如图 8－9 (d) 所示。螺纹的总背吃刀量 $a_p$ 与螺距的关系按经验公式 $a_p \approx 0.65P$，次的背吃刀量约 0.1 左右。

(4) 车刀将至终点时，应做好退刀停车准备，先快速退出车刀，然后开反车退出刀架。如图 8－9 (e) 所示。

(5) 再次横向进刀，继续切削至车出正确的牙型如图 8－9 (f) 所示。

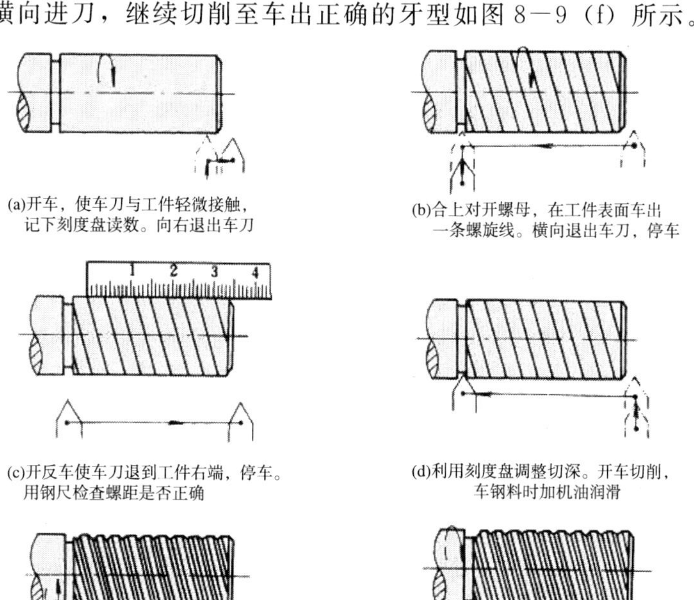


**图 8－9　正反车螺纹**

### 8.2.6 螺纹的检测

（1）螺纹顶径的测量：一般用游标卡尺或千分尺。

（2）螺距或导程的测量：用钢直尺、游标卡尺或螺纹样板，如图 8—10 所示。

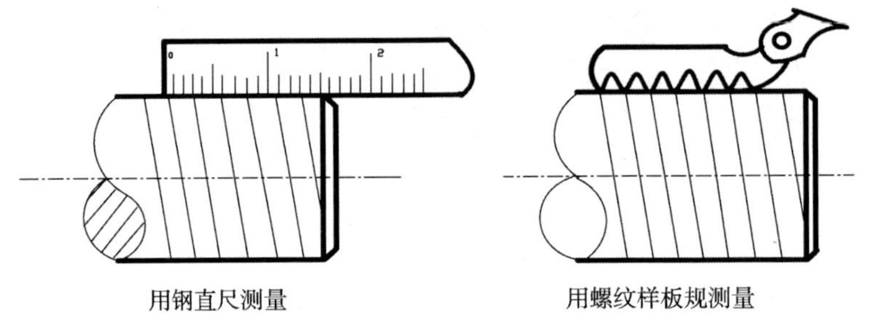


图 8—10 螺距或导程的测量

（3）牙型角的测量：用螺纹样板或牙型角样板。

（4）螺纹中径的测量：用螺纹千分尺，如图 8—11 所示。

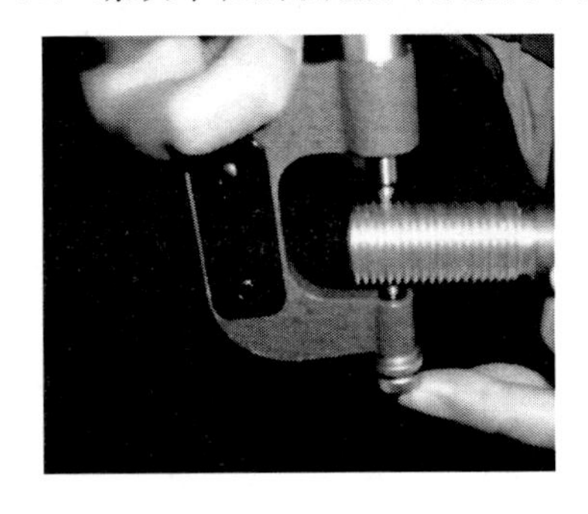
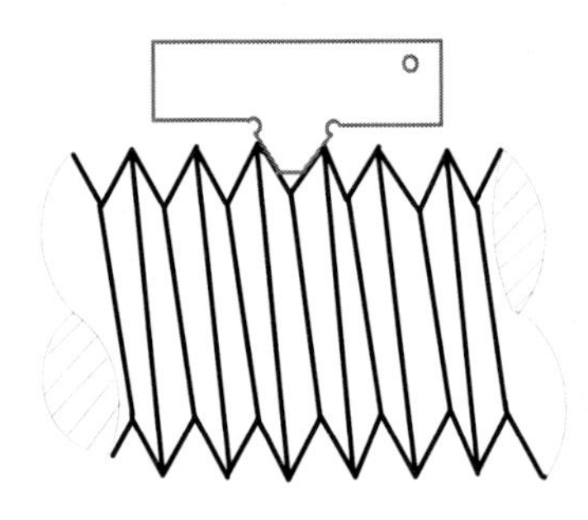

图 8—11 用螺纹千分尺检测

### 8.2.7 注意的问题

（1）应首先调整好床鞍和中、小滑板的松紧程度及开合螺母间隙。

（2）调整进给箱手柄时，车床在低速下操作或停车用手拨动卡盘一下。

（3）车螺纹时，应注意不可将中滑板手柄多摇进一圈，否则会造成车刀刀尖崩刃或损坏工件。

（4）车螺纹过程中，不准用手摸或用棉纱去擦螺纹，以免伤手。

（5）应始终保持螺纹车刀锋利。中途换刀或刃磨后重新装刀，必须重新调整螺纹车刀刀尖的高度后再次对刀。

（6）在螺纹车削过程中，若要更换螺纹车刀或进行精车，装刀后，必须先静态对刀，再进行动态对刀。静态对刀是装刀后，在外圆表面对零，按下开合螺母，工件正转停下，移动中、小滑板将车刀放置到螺旋槽内，记住中滑板刻度。动态对刀是车刀退出加工表面，中滑板摇至刚才对刀刻度，按下开合螺母，开低速或晃车，待刀具移至加工区域时，快速移动中、小滑板，使螺纹车刀的刀尖对准螺旋槽，即在刀具移动过程中检查刀尖与螺旋槽的对准程度。

出现积屑瘤时应及时清除。

车脆性材料时，背吃刀量不宜过大，否则会使螺纹牙尖爆裂，造成废品。低速精车螺纹时，最后几刀采取微量进给或无进给车削，以车光螺纹侧面

（7）注意和消除拖板的“空行程”。

（8）避免“乱扣”。当第一条螺旋线车好以后，第二次进刀后车削，刀尖不在原来的螺旋线（螺旋桩）中，而是偏左或偏右，甚至车在牙顶中间，将螺纹车乱这个现象就叫做“乱扣”预防乱扣的方法是采用倒顺（正反）车法车削。在角左右切削法车削螺纹时小拖板移动距离不要过大，若车削途中刀具损坏需重新换刀或者无意提起开合螺母时，应注意及时对刀。

（9）对刀：对刀前首先要安装好螺纹车刀，然后按下开合螺母，开正车（注意应该是空走刀）停车，移动中、小拖板使刀尖准确落入原来的螺旋槽中（注意不能移动大拖板），同时根据所在螺旋槽中的位置重新做中拖板进刀的记号，再将车刀退出，开倒车，将车退至螺纹头部，再进刀……对刀时一定要注意是正车对刀。

（10）使用两顶针装夹方法车螺纹时，工件卸下后再重新车削时，应该先对刀，后车削，以免“乱扣”。

### 8.2.8　车外螺纹的质量分析

按照表 8－2 所述进行质量分析。

**表 8－2　质量分析表**

| 废品种类 | 产生原因 | 预防方法 |
|---|---|---|
| 缓纹不正确 | （1）挂轮在计算或搭配时错误<br>（2）进给箱手柄位置放错<br>（4）开合螺母塞铁松动 | （1）车削螺纹时先车出很浅的螺旋线，检查螺距是否正确<br>（2）调整好开合螺母塞铁，必要时在手柄上挂上重物<br>（3）调整好车床主轴和丝杆的轴向窜动量 |
| 牙形不正确 | （1）车刀安装不正确，产生半角误差<br>（2）车刀刀尖角刃磨不正确<br>（3）车刀磨损 | （1）用样板对刀<br>（2）正确刃磨和测量刀尖角<br>（3）合理选择切削用量和及时修磨车刀 |
| 螺纹表面粗糙 | （1）切削用量选择不当<br>（2）切屑流出方向不对<br>（3）产生积屑瘤拉毛螺纹侧面<br>（4）刀杆刚性不够产生振动 | （1）高速钢车刀车螺纹的切削速度不能太大，切削厚度应小于 0.06，并加切削液<br>（2）硬质合金车刀高速车螺纹时，最后一切的切削厚度要大于 0.1，切屑要垂直于轴心线方向排出<br>（3）刀杆不能伸出过长，并选粗壮刀杆 |
| 扎刀和顶弯工件 | （1）车刀径向前角太大<br>（2）工件刚性差，而切削用量选择太大 | （1）减小车刀径向前角，调整中滑板丝杆螺母间间隙<br>（2）合理选择切削用量，增加工件装夹刚性 |

### 8.2.9 相关理论

1. 准备工作

45°车刀、90°车刀、螺纹车刀、切断刀、回转顶尖、中心钻、0～150mm 游标卡尺、25～50mm 千分尺、钢直尺等。

2. 加工步骤

（1）夹住毛坯外圆，车端面，粗车 $\phi$37mm×90mm，粗、精车 $\phi30_{-0.30}^{0}$mm×44mm 和 $\phi20_{-0.20}^{0}$mm×24mm。

（2）车 M20－6g、M30×1.5－8g。

（3）调头平端面，取总长 116mm 钻中心孔。

（4）一夹一顶粗、精车 $\phi30_{-0.30}^{0}$mm×44mm、$\phi24_{-0.20}^{0}$mm×24，车槽 4×2。

（5）车 M30×2－7h、M24－6h，精车 $\phi36_{-0.062}^{0}$mm。

（6）检查。

3. 评分标准

按照表 8－3 进行评分。

表 8－3　评分标准

| 序号 | 考核项目 | 考核内容及要求 | 配分 | 评分标准 | 检测结果 | 得分 |
|---|---|---|---|---|---|---|
| 1 | 外圆 | $\phi36_{-0.062}^{0}$mm | 10 | 超差不得分 | | |
| | 表面粗糙度 | $Ra \leqslant 1.6\mu m$ | | 不符要求不得分 | | |
| 2 | 螺纹 | $\phi30_{-0.30}^{0}$mm×44mm | 20 | 不符要求不得分 | | |
| 3 | | $\phi24_{-0.20}^{0}$mm×24mm | 20 | 不符要求不得分 | | |
| 4 | | $\phi30_{-0.30}^{0}$mm×44mm | 20 | 不符要求不得分 | | |
| 5 | | $\phi20_{-0.20}^{0}$mm×24mm | 20 | 不符要求不得分 | | |
| 6 | 长度 | 20mm（3 处）<br>17mm、19mm<br>24mm（2 处）<br>116mm | 8 | 超差不得分 | | |
| 7 | 倒角 | C2（2 处） | 2 | 超差不得分 | | |
| 总分 | | | | | | |

### 8.2.10　任务评价与分析

**任务评价表**

班级____________学生姓名___________学号_______

| 项目 | 自我评价（分） | | | 小组评价（分） | | | 教师评价（分） | | |
|---|---|---|---|---|---|---|---|---|---|
| | 10～9 | 8～6 | 5～1 | 10～9 | 8～6 | 5～1 | 10～9 | 8～6 | 5～1 |
| | 占总评10% | | | 占总评30% | | | 占总评60% | | |
| 车削螺纹轴 | | | | | | | | | |
| 工作态度 | | | | | | | | | |
| 学习主动性 | | | | | | | | | |
| 纪律观念 | | | | | | | | | |
| 协作精神 | | | | | | | | | |
| 工作质量 | | | | | | | | | |
| 小计 | | | | | | | | | |
| 总评 | | | | | | | | | |

任课教师：　　　　年　月　日

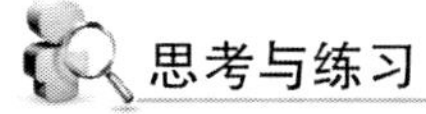

1. 什么是“乱扣”？

2. 简述车外螺纹的质量分析。

3. 简述螺纹的基本参数。

4. 简述螺纹的检测方法。

# 8.3 车三角形内螺纹

**学习目标**

1. 能选择、刃磨并正确装夹普通内螺纹车刀。
2. 能确定普通内螺纹的底孔孔径。
3. 具备普通内螺纹的车削技能。

## 8.3.1 任务及分析

（1）明确任务——车三角形内螺纹（图 8—12）。

材料：45 钢。

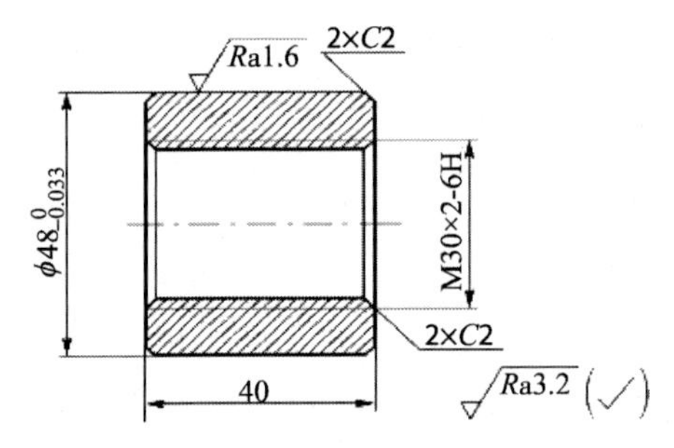


图 8—12 车三角形内螺纹

（2）工艺分析：可以采用 φ50mm 热轧圆钢，钻孔后车削螺纹，再车外圆、切断。

## 8.3.2 内螺纹

1. 内螺纹类型

内螺纹通常有通孔内螺纹、盲孔内螺纹和台阶孔内螺纹 3 种形式（图 8—13）。

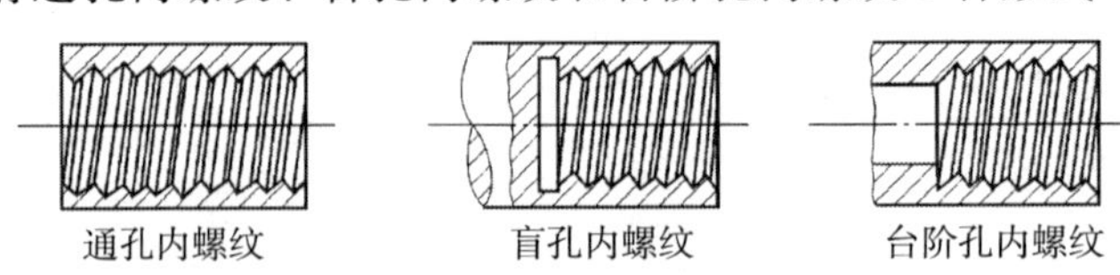


图 8—13 内螺纹类型

2. 内螺纹类型车刀

高速钢内螺纹车刀如图 8—14 所示。

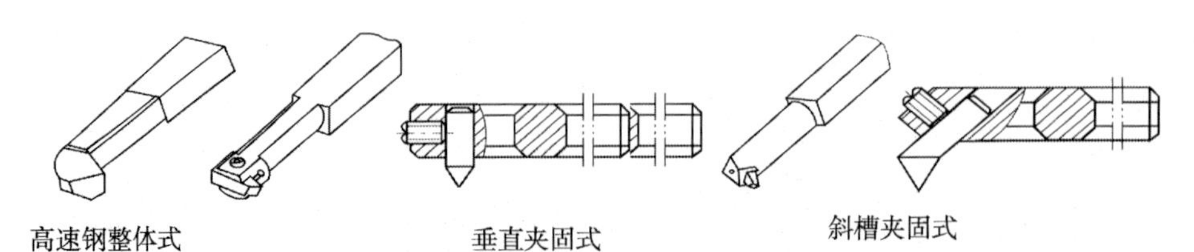


图8-14 高速钢内螺纹车刀

图 8—14 高速钢内螺纹车刀

### 8.3.3　普通内螺纹底孔孔径的确定

车削普通内螺纹前的孔径可用下列近似式（8－1）和式（8－21）计算：

车削塑性金属的内螺纹时：

$$D_{孔} \approx D - P \quad (8-1)$$

车削脆性金属的内螺纹时：

$$D_{孔} \approx D - 1.05P \quad (8-2)$$

式中，$D_{孔}$ 为车内螺纹前的孔径，mm；$D$ 为内螺纹的大径，mm；$P$ 为螺距，mm。

### 8.3.4　普通内螺纹的制作方法

内螺纹的制作方法与外螺纹的制作方法类似，有一点需要注意的是内螺纹的进、退刀方向是与外螺纹制作时相反的，这一点同轴、套类工件制作时一样。

### 8.3.5　内螺纹检测

采用螺纹塞规进行综合检测：检测时，螺纹塞规通端能顺利拧入工件，而止端不能拧入工件，说明螺纹合格（图 8－15）。

**图 8－15　螺纹塞规**

### 8.3.6　注意的问题

车内螺纹（尤其是直径较小的内螺纹）时，由于刀具刚度较差、不易排屑、不易注入切削液及不便于观察等原因，车内螺纹比车外螺纹要困难得多，必须引起足够重视。

（1）由于内螺纹车刀的尺寸受内螺纹孔的限制，所以内螺纹车刀刀体的径向尺寸应比螺纹孔径小 3～5mm，否则退刀时易碰伤牙顶，甚至无法车削。

（2）在选择内螺纹车刀时，也要注意内孔车刀的刚度和排屑问题。

（3）内螺纹车刀除了其切削刃几何角度应具有外螺纹车刀几何角度的特点外，还应具有内孔车刀的特点。

（4）装夹内螺纹车刀时，车刀刀尖应对准工件轴线。如果车刀装得过高，车削时容易引起振动，使螺纹表面产生鱼鳞斑现象；如果车刀装得过低，刀头下部会与工件发生摩擦，车刀切不进去。

（5）应将中、小滑板适当调紧些，以防车削时中、小滑板产生位移，造成螺纹乱牙。

（6）退刀要及时、准确。退刀过早，螺纹未车完；退刀过迟，车刀容易碰撞孔底。

（7）进刀量不宜过多，以防精车螺纹时没有余量。

（8）精车时必须保持车刀锋利，否则容易产生“让刀”，致使螺纹产生锥形误差。

一旦产生锥形误差，不能盲目增加背吃刀量，而应让螺纹车刀在原背吃刀量上反复进行无进给车削来消除误差。

（9）工件在回转中不能用棉纱去擦内孔，绝对不允许用手指去摸内螺纹表面，以免手指旋入而发生事故。

（10）车削中发生车刀碰撞孔底时，应及时重新对刀，以防因车刀移位而造成乱牙。

（11）车盲孔螺纹或台阶孔螺纹时，还需车好内槽，内槽直径应大于内螺纹大径，槽宽为（2～3）$P$。

### 8.3.7 任务实施

1. 准备工作

45°车刀、90°车刀、内螺纹车刀、切断刀、0～150mm 游标卡尺、25～50mm 千分尺、钢直尺、钻头、冷却液等。

2. 加工步骤

（1）夹住毛坯外圆，深出长度 50mm，粗车外圆 $\phi$47.5mm×45mm。

（2）钻孔 $\phi$26mm，精车至 $\phi28^{+0.20}_{0}$，车螺纹 M30×2－6H。

（3）精车 $\phi48^{0}_{-0.033}$mm，倒角 $C2$。

（4）取 40.5mm 切断。

（5）平端面，取总长 40mm。倒角 $C2$。

（6）检查。

3. 评分标准

按照表 8－4 进行评分。

表 8－4 评分标准

| 序号 | 考核项目 | 考核内容及要求 | 配分 | 评分标准 | 检测结果 | 得分 |
|---|---|---|---|---|---|---|
| 1 | 外圆 | $\phi48^{0}_{-0.033}$mm | 20 | 超差不得分 | | |
| 2 | | 表面粗糙度 $Ra\leqslant1.6\mu m$ | 20 | 不符要求不得分 | | |
| 3 | 螺纹 | M30×2－6H | 40 | 不符要求不得分 | | |
| 4 | 长度 | 40mm | 10 | 超差不得分 | | |
| 5 | 倒角 | $C2$（2 处） | 10 | 不符要求不得分 | | |
| 总分 | | | | | | |

### 8.3.8　任务评价与分析

**任务评价表**

班级＿＿＿＿＿＿学生姓名＿＿＿＿＿＿学号＿＿＿＿

| 项目 | 自我评价（分） | | | 小组评价（分） | | | 教师评价（分） | | |
|---|---|---|---|---|---|---|---|---|---|
| | 10～9 | 8～6 | 5～1 | 10～9 | 8～6 | 5～1 | 10～9 | 8～6 | 5～1 |
| | 占总评 10% | | | 占总评 30% | | | 占总评 60% | | |
| 车三角形内螺纹 | | | | | | | | | |
| 工作态度 | | | | | | | | | |
| 学习主动性 | | | | | | | | | |
| 纪律观念 | | | | | | | | | |
| 协作精神 | | | | | | | | | |
| 工作质量 | | | | | | | | | |
| 小计 | | | | | | | | | |
| 总评 | | | | | | | | | |

任课教师：　　　年　月　日

**思考与练习**

1. 如何确定普通内螺纹底孔孔径？

2. 内螺纹检测的方法有哪些？

3. 简述车内螺纹要注意的问题。

## 8.4 梯形螺纹车刀的刃磨

**学习目标**

1. 让学生掌握梯形螺纹车刀的刃磨方法。
2. 让学生合理选择梯形螺纹车刀。
3. 让学生掌握梯形螺纹车刀的检测方法。

### 8.4.1 任务及分析

(1) 明确任务——梯形螺纹车刀的刃磨（图 8—16）。

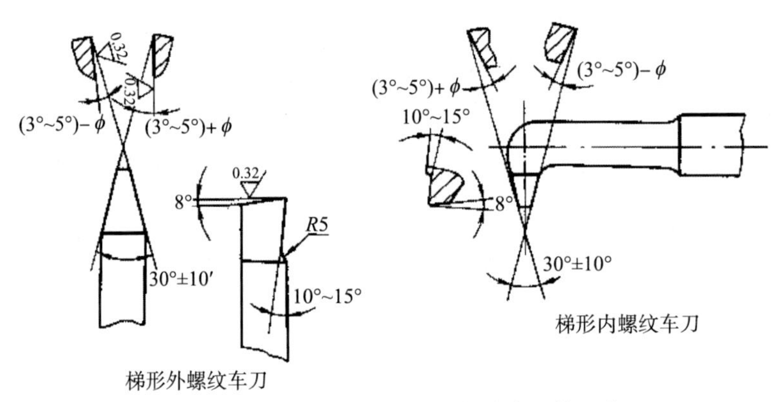


**图 8—16 高速钢刀坯和梯形螺纹车刀的刃磨**

### 8.4.2 梯形螺纹车刀

1. 车刀分粗车刀和精车刀两种

(1) 梯形螺纹车刀的角度。①两刃夹角：粗车刀应小于牙型角，精车刀应等于牙形角。②刀尖宽度：粗车刀的刀尖宽度应为 1/3 螺距宽。精车刀的刀尖宽应等于牙底宽减 0.05 mm。③纵向前角：粗车刀一般为 15 左右，精车刀为了保证牙型角正确，前角应等于 0，但实际生产时取 5°～10°。④纵向后角一般为 6°～8°。⑤两侧刀刃后角：$\alpha_1=$ (3°～5°) $+\varphi$，$\alpha_2=$ (3°～5°) $-\varphi$。

(2) 梯形螺纹的刃磨要求如下：①用样板校对刃磨两刀刃夹角如图 8—17 所示。②有纵向前角的两刃夹角应进行修正。③车刀刃口要光滑、平直、无虚刃，两侧副刀刃必须对称刀头不能歪斜。④用油石研磨去各刀刃的毛刺。

2. 刃磨方法

(1) 精磨后刀面，保证刀尖角（用螺纹车刀样板或角度尺测量），精磨螺纹刀具的刀刃要平直、刀面要光洁。采用样板或角度尺检查时，选用透光法测量。

(2) 精磨螺纹的前刀面，以形成前角，（在离开刀尖、大于牙型深度处以砂轮边角为支点。夹角等于前角，使火花最后在刀尖处磨出。

（3）精磨前刀面和后刀面后，精车刀需要用油石研磨刀刃的前、后刀面（注意保持刃口锋利）。

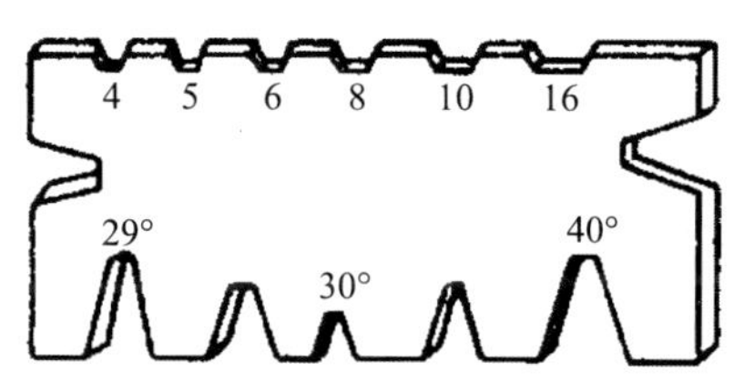


图 8－17　用样板校对刃磨两刀刃夹角

### 8.4.3　高速钢梯形螺纹车刀

高速钢梯形螺纹车刀如图 8－18 所示。

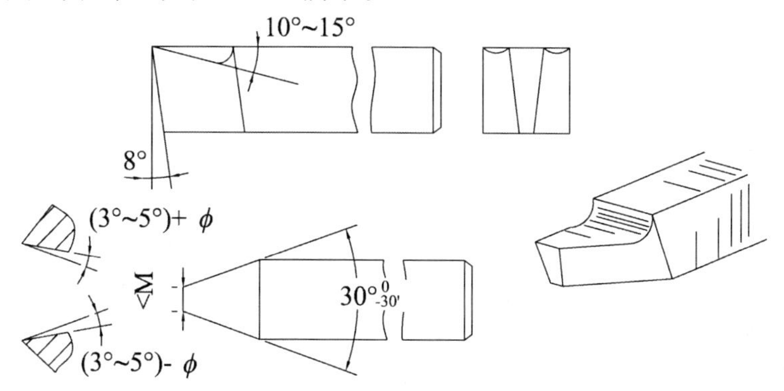


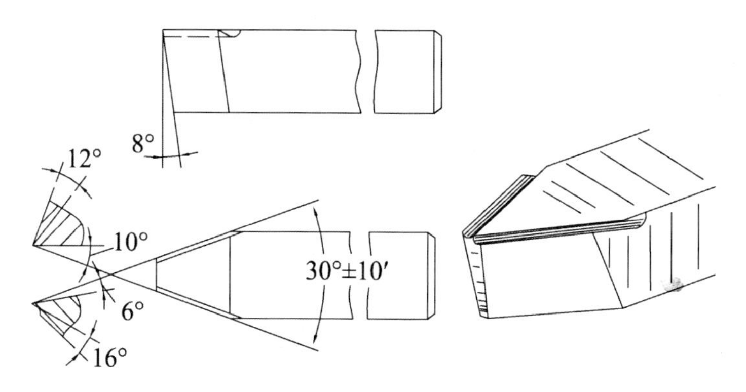


图 8－18　高速钢螺纹精车刀

### 8.4.4　车刀检测

（1）目测法：利用透光法目测检测。

（2）角度样板及万能角度尺检测：利用角度样板检测，还可以更精确的用万能角度尺检测。

### 8.4.5　任务实施

1. 准备工作

砂轮机、梯形螺纹角度样板、万能角度尺、0～150 游标卡尺、冷却液。

2. 评分标准

参照表 8—5 进行评分。

**表 8—5　评分标准**

| 序号 | 考核项目 | 考核内容及要求 | 配分 | 评分标准 | 检测结果 | 得分 |
|---|---|---|---|---|---|---|
| 1 | 刀尖角 | $\varepsilon_r = 30° \pm 10'$ | 20 | 不符合要求不得分 | | |
| 2 | 前角 | $\gamma_p = 10° \sim 15°$ | 20 | 不符合要求不得分 | | |
| 3 | 后角 | $\alpha_0 = 8°$ | 20 | 不符合要求不得分 | | |
| 4 | 左侧切削刃的刃磨后角 | 车右旋螺纹<br>$\alpha_{OL}$ （3°～5°）$+\Psi$<br>车左旋螺纹<br>$\alpha_{OL} =$ （3°～5°）$-\Psi$ | 20 | 不符合要求不得分 | | |
| 5 | 右侧切削刃的刃磨后角 | 车右旋螺纹<br>$\alpha_{OR} =$ （3°～5°）$-\Psi$<br>车左旋螺纹<br>$\alpha_{OR} =$ （3°～5°）$+\Psi$ | 20 | 不符合要求不得分 | | |
| | 总分 | | | | | |

### 8.4.6　任务评价与分析

任务评价表

班级____________学生姓名___________学号_______

| 项目 | 自我评价（分） | | | 小组评价（分） | | | 教师评价（分） | | |
|---|---|---|---|---|---|---|---|---|---|
| | 10～9 | 8～6 | 5～1 | 10～9 | 8～6 | 5～1 | 0～9 | 8～6 | 5～1 |
| | 占总评 10% | | | 占总评 30% | | | 占总评 60% | | |
| 手动进给车外圆和平面 | | | | | | | | | |
| 工作态度 | | | | | | | | | |
| 学习主动性 | | | | | | | | | |
| 纪律观念 | | | | | | | | | |
| 协作精神 | | | | | | | | | |
| 工作质量 | | | | | | | | | |
| 小计 | | | | | | | | | |
| 总评 | | | | | | | | | |

任课教师：　　　　年　月　日

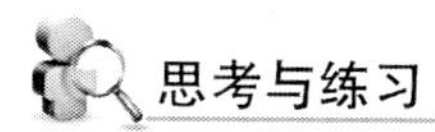


1. 梯形螺纹车刀的刃磨方法是什么？

2. 车刀检测的方法是什么？

3. 梯形螺纹粗、精车刀的主要区别是什么？

## 8.5 车梯形螺纹

**学习目标**

1. 让学生掌握梯形螺纹的加工方法。
2. 让学生掌握梯形螺纹刀具的选择、刃磨以及装夹方法。
3. 让学生掌握梯形螺纹的检测及工艺过程。

### 8.5.1 任务及分析

(1) 明确任务——梯形螺纹配合件（图 8—19）。

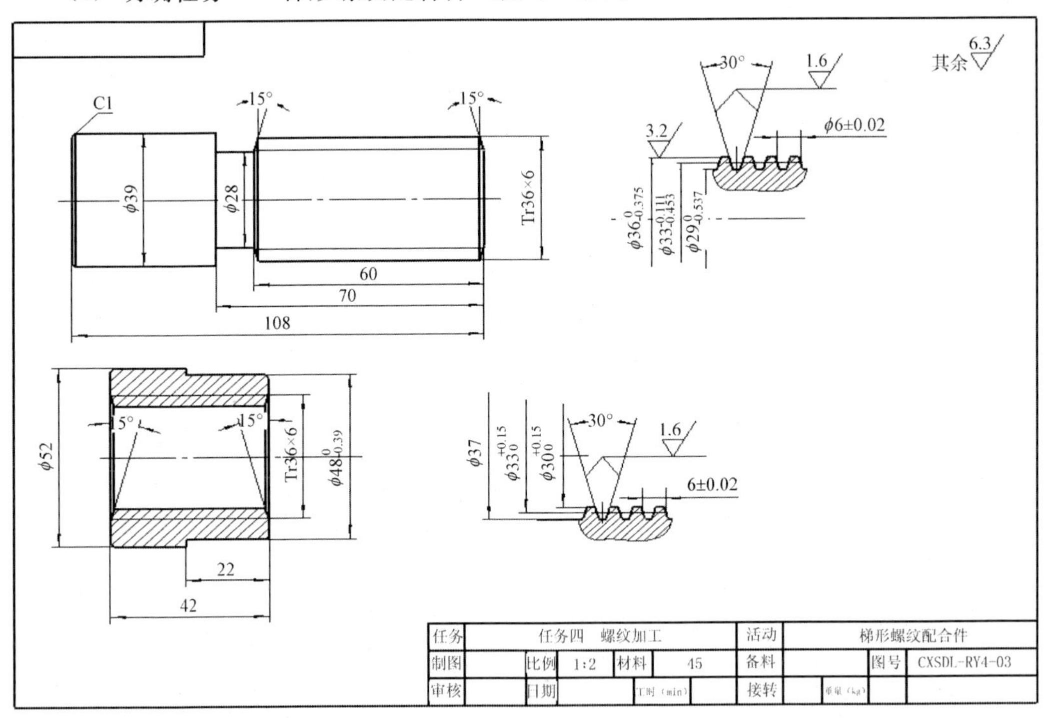


图 8—19 梯形螺纹配合件

(2) 工艺分析：车削梯形螺纹时切削力较大，因而注意轴向窜动。梯形螺纹中径要正确，可采用三针测量。

### 8.5.2 梯形螺纹的尺寸计算

(1) 梯形螺纹的轴向剖面形状是一个等腰梯形，一般作传动用，精度高；如车床上的长丝杠和中小滑板的丝杠等。

(2) 国家标准规定梯形螺纹的牙型角为 30°。下面就介绍 30°牙型角的梯形螺纹。

30°梯形螺纹（以下简称梯形螺纹）的代号用字母“Tr”及公称直径×螺距表示，

单位均为 mm。左旋螺纹需在尺寸规格之后加注“LH”，右旋则不注出。例如 Tr36×6 等（图 8—20）。

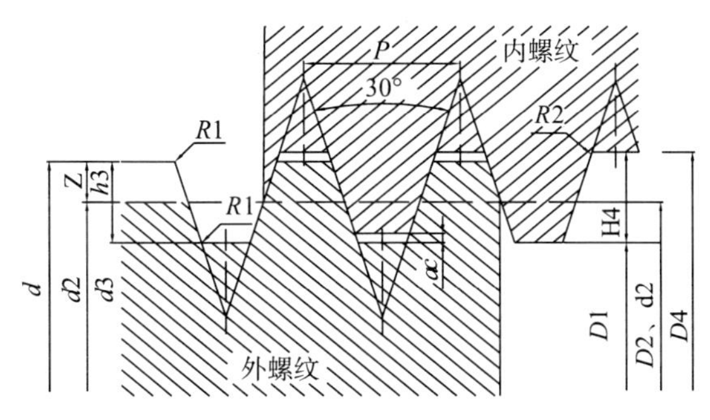


**图 8—20　梯形螺纹尺寸计算**

（3）梯形螺纹的基本参数名称

梯形螺纹的基本参数名称见表 8—6。

**表 8—6　基本参数表**

| 名称 | | 代号 | 计算公式 | | | |
|---|---|---|---|---|---|---|
| 牙型角 | | $\alpha$ | $\alpha=30°$ | | | |
| 螺距 | | $P$ | 由螺纹标准确定 | | | |
| 牙顶间隙 | | $ac$ | $P$ | 1.5～5 | 6～12 | 14～44 |
| | | | $ac$ | 0.25 | 0.5 | 1 |
| 外螺纹 | 大径 | $d$ | 公称直径 | | | |
| | 中径 | $d2$ | $d2=d-0.5P$ | | | |
| | 小径 | $d3$ | $d3=d-2h3$ | | | |
| | 牙高 | $h3$ | $h3=0.5P+ac$ | | | |
| 内螺纹 | 大径 | $D4$ | $D4=d+2ac$ | | | |
| | 中径 | $D2$ | $D2=d2$ | | | |
| | 小径 | $D1$ | $D1=d-P$ | | | |
| | 牙高 | $H4$ | $H4=h3$ | | | |
| 牙顶宽 | | $f$、$f'$ | $f=f'=0.366P$ | | | |
| 牙槽底宽 | | $W$、$W'$ | $W=W'=0.366P-0.536ac$ | | | |

### 8.5.3　梯形螺纹车刀的选择和装夹

1. 车刀的选择

通常采用低速车削，一般选用高速钢材料。

（1）高速钢梯形螺纹粗车刀：为了便于左右切削并留有精车余量，刀头宽度应小于槽底宽 $W$。

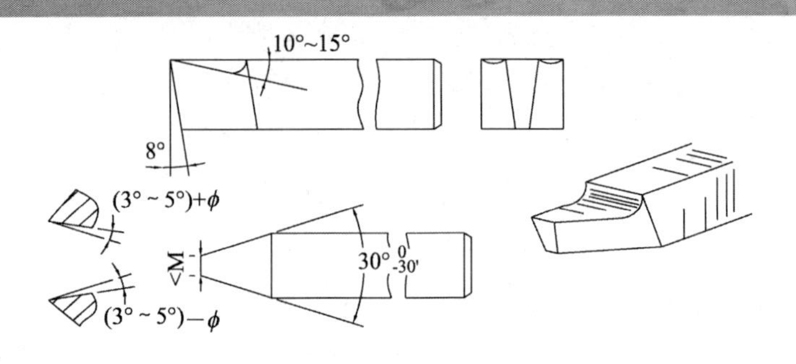


图 8—21　高速钢梯形螺纹粗车刀

（2）高速钢梯形螺纹精车刀：车刀纵向前角 $\gamma_p=0°$，两测切削刃之间的夹角等于牙型角。为了保证两测切削刃切削顺利，都磨有较大前角（$\gamma_o=10°\sim20°$）的卷屑槽。但在使用时必须注意，车刀前端切削刃不能参加切削。

2. 车刀的装夹

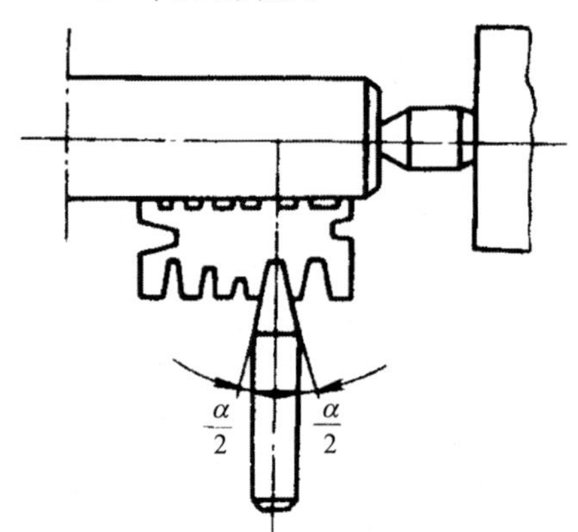


图 8—22　车刀的装夹

（1）车刀主切削刃必须与工件轴线等高（用弹性刀杆应高于轴线约 0.2mm）同时应和工件轴线平行。

（2）刀头的角平分线要垂直与工件的轴线。用样板找正装夹，以免产生螺纹半角误差。如图 8－22 所示。

### 8.5.4　工件的装夹

一般采用两顶尖或一夹一顶装夹。粗车较大螺距时，可采用四爪卡盘一夹一顶，以保证装夹牢固，同时使工件的一个台阶靠住卡盘平面，固定工件的轴向位置，以防止因切削力过大，使工件移位而车坏螺纹。

### 8.5.5　车床的选择和调整

（1）挑选精度较高，磨损较少的机床。

（2）正确调整机床各处间隙，对床鞍、中小滑的配合部用样板找正装夹板。

（3）分进行检查和调整、注意控制机床主轴的轴向窜动、径向圆跳动以及丝杠轴向窜动。

（4）选用磨损较少的交换齿轮。

### 8.5.6　梯形螺纹的车削方法

（1）螺距小于 4mm 和精度要求不高的工件，可用一把梯形螺纹车刀，并用少量的左右进给车削。

（2）螺距大于 4mm 和精度要求较高的梯形螺纹，一般采用分刀车削的方法。

①粗车、半精车梯形螺纹时，螺纹大径留 0.3mm 左右余量，且倒角成 15°。

②选用刀头宽度稍小于槽低宽度的车槽刀，粗车螺纹（每边留 0.25～0.35mm 左右的余量）。

③用梯形螺纹车刀采用左右车削法车削梯形螺纹两侧面，每边留 0.1～0.2mm 的精车余量，并车准螺纹小径尺寸。

④精车大径至图样要求（一般小于螺纹基本尺寸）。

⑤选用精车梯形螺纹车刀，采用左右切削法完成螺纹加工。

### 8.5.7　梯形螺纹的测量方法

（1）综合测量法：用标准螺纹环规综合测量。

（2）三针测量法：这种方法是测量外螺纹中经的一种比较精密的方法。适用于测量一些精度要求较高、螺纹升角小于 4°的螺纹工件。测量时把三根直径相等的量针放在螺纹相对应的螺旋槽中，用千分尺量出两边量针顶点之间的距离 $M$，如图 8－23 所示。

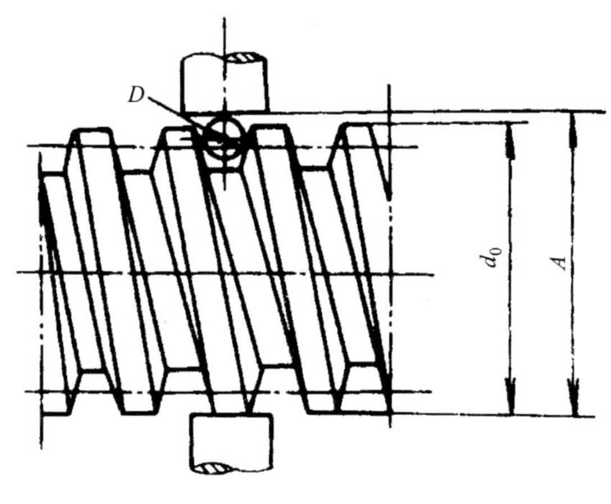


图 8－23　三针测量法

（3）单针测量法：这种方法的特点是只需用一根量针，放置在螺旋槽中，用千分尺量出螺纹大径与量针顶点之间的距离 $A$ ［$A=(M+d)/2$］。

### 8.5.8　注意事项

（1）梯形螺纹车刀两侧副切削刃应平直，否则工件牙型角不正；精车时刀刃应保持锋利，要求螺纹两侧表面粗糙度要低。

（2）调整小滑板的松紧，以防车削时车刀移位。

（3）鸡心夹头或对分夹头应夹紧工件，否则车梯形螺纹时工件容易产生移位二损坏。

（4）车梯形螺纹中途复装工件时，应保持拨杆原位，以防乱牙。

（5）工件在精车前，最好重新修正顶尖孔，以保证同轴度。

（6）在外圆上去毛刺时，最好把砂布垫在锉刀下进行。

（7）不准在开车时用棉纱擦工件，以防出危险。

（8）车削时，为了防止因溜板箱手轮回转时不平衡，时床鞍移动时产生窜动，可去掉手柄。

（9）车梯形螺纹时以防“扎刀”，建议用弹性刀杆。

### 8.5.9 任务实施

1. 准备工作

梯形螺纹车刀、45°车刀、90°车刀、切断刀、0～200mm游标卡尺、0～150mm游标卡尺、25～50mm千分尺、螺纹对刀样板，万能角度尺、三针、公法线千分尺等。

2. 加工步骤

（1）平端面，车至$\phi$40mm。

（2）调头平端面，取总长108mm。打中心孔。

（3）一夹一顶装夹工件。伸出90mm。

（4）粗、精车外圆车外圆$\phi 36_{-0.10}^{0}$。

（5）切出退刀槽。

（6）两端倒角，粗车Tr36×12（6）梯形螺纹。

（7）精车梯形螺纹至尺寸要求。

（8）调头车$\phi$39mm。

（9）检查，卸车。

3. 评分标准

按照表8—7进行评分。

**表8—7 评分标准**

| 序号 | 考核项目 | 考核内容及要求 | 配分 | 评分标准 | 检测结果 | 得分 |
|---|---|---|---|---|---|---|
| 1 | 外圆 | $\phi 36_{-0.375}^{0}$，$Ra\leqslant 1.6\mu m$ | 10 | 超差不得分 | | |
| 2 | | $\phi$39mm | 8 | 超差不得分 | | |
| 3 | | $\phi$28mm | 10 | 超差不得分 | | |
| 4 | 长度 | 60mm、72mm、108mm | 10 | 超差不得分 | | |
| 5 | 梯形螺纹 | Tr36×12（6） | 30 | 超差不得分 | | |
| 6 | 倒角 | 3.5×15°（2处） | 10 | 超差不得分 | | |
| 7 | | C1 | 2 | 不符合要求不得分 | | |
| 8 | 设备及工量刃具的使用维护 | 工、量、刃具的合理使用与保养 | 10 | 不符合要求酌情扣1～10分 | | |
| 9 | | 操作车床并及时发现一般故障 | | | | |
| 10 | | 车床的润滑 | | | | |
| 11 | | 车床的保养工作 | | | | |
| 12 | 安全与其他 | 正确执行安全技术操作规程 | 10 | 一项不符合要求扣2分，发生较大事故取消考核资格 | | |
| 13 | | 工作服正确穿戴 | | | | |

### 8.5.10　任务评价与分析

**任务评价表**

班级＿＿＿＿＿＿学生姓名＿＿＿＿＿学号＿＿＿＿

| 项目 | 自我评价（分） | | | 小组评价（分） | | | 教师评价（分） | | |
|---|---|---|---|---|---|---|---|---|---|
| | 10～9 | 8～6 | 5～1 | 10～9 | 8～6 | 5～1 | 0～9 | 8～6 | 5～1 |
| | 占总评 10% | | | 占总评 30% | | | 占总评 60% | | |
| 手动进给车外圆和平面 | | | | | | | | | |
| 工作态度 | | | | | | | | | |
| 学习主动性 | | | | | | | | | |
| 纪律观念 | | | | | | | | | |
| 协作精神 | | | | | | | | | |
| 工作质量 | | | | | | | | | |
| 小计 | | | | | | | | | |
| 总评 | | | | | | | | | |

任课教师：　　　　年　月　日

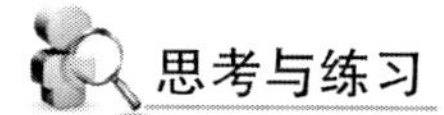
思考与练习

1. 简述梯形螺纹的测量方法。

2. 简述梯形螺纹的车削方法。

3. 简述梯形螺纹的基本参数名称。

4. 梯形螺纹的车削注意事项有哪些？

# 任务九　车成形面和表面修饰

学习目标

1. 能按照车间安全防护规定穿戴劳保用品，执行安全操作规程牢固树立正确的安全文明操作意识。
2. 能通过教师讲解，掌握滚花时的工作要点，具备滚花的车削技能。
3. 能选用、装夹滚花刀，确定滚花前工件的直径。
4. 能够对滚花件上的乱纹进行质量分析。
5. 具备用双手控制法车单球手柄橄榄球手柄的技能。
6. 掌握用锉刀修光，纱布抛光的技术要点。
7. 能根据图样要求，用千分尺、样板等对圆球球面进行检测。
8. 能按车床的安全操作规程操作机床，并做好日常维护保养。

## 9.1　滚花及滚花前的车削尺寸

学习目标

1. 让学生掌握滚花的常见方法，能选用、装夹滚花刀。
2. 让学生能确定滚花前工件的直径。
3. 掌握滚花的工作要点，具备滚花的技能。

### 9.1.1　任务及分析

1. 明确任务

明确任务，如图 9－1 所示。

2. 工艺分析

（1）成形面一般不能作为工件的装夹表面，所以车削工件的成形面时，应安排在粗车之后、精车之前进行，也可以在一次装夹中车削完成；车削数量较少，故车削橄榄球时，可采用一夹一顶的装夹方法。

（2）车削橄榄球时采用双手控制法，可用圆弧形沟槽车刀。

（3）橄榄球修整时用锉刀及砂布。

（4）橄榄球的尺寸检测可用样板和千分尺。

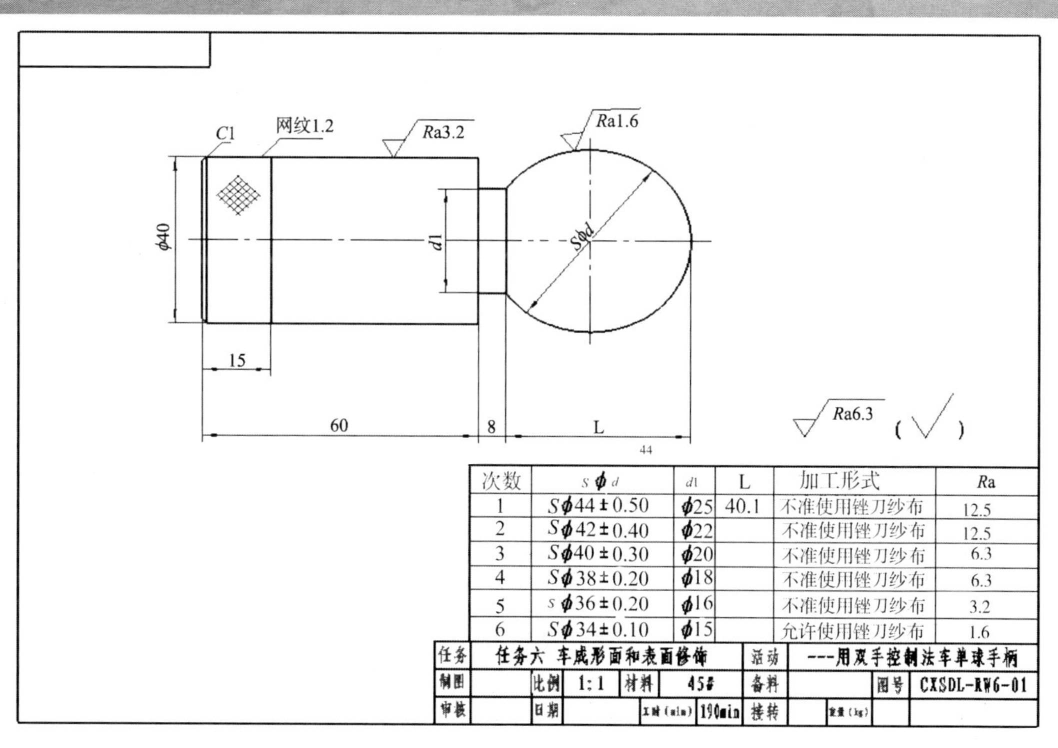


| 次数 | SΦd | d1 | L | 加工形式 | Ra |
|---|---|---|---|---|---|
| 1 | SΦ44±0.50 | Φ25 | 40.1 | 不准使用锉刀纱布 | 12.5 |
| 2 | SΦ42±0.40 | Φ22 | | 不准使用锉刀纱布 | 12.5 |
| 3 | SΦ40±0.30 | Φ20 | | 不准使用锉刀纱布 | 6.3 |
| 4 | SΦ38±0.20 | Φ18 | | 不准使用锉刀纱布 | 6.3 |
| 5 | SΦ36±0.20 | Φ16 | | 不准使用锉刀纱布 | 3.2 |
| 6 | SΦ34±0.10 | Φ15 | | 允许使用锉刀纱布 | 1.6 |

| 任务 | 任务六 车成形面和表面修饰 | | | 活动 | ---用双手控制法车单球手柄 | | | | |
|---|---|---|---|---|---|---|---|---|---|
| 制图 | | 比例 | 1:1 | 材料 | 45# | 备料 | | 图号 | CXSDL-RW6-01 |
| 审核 | | 日期 | | 工时(min) | 190min | 接转 | | 重量(kg) | |

图 9—1　滚花

### 9.1.2　滚花的花纹

1. 滚花的定义

滚花是在车床上用滚花刀在工件表面上滚压出花纹的加工。

滚花过程是利用滚花刀的滚轮来滚压工件表面的金属层，使其产生一定的塑性变形而形成花纹。

2. 滚花刀的种类

（1）单轮滚花刀：由直纹滚轮和刀柄组成；用来滚直纹（图 9—2）。

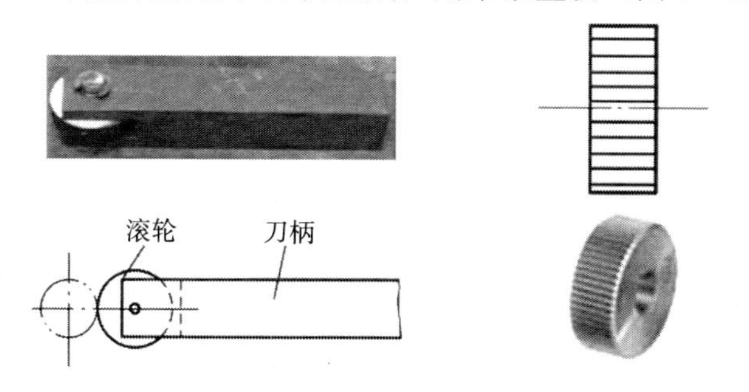


图 9—2　单轮滚花刀

（2）双轮滚花刀：由两只旋向不同的滚轮、浮动连接头及刀柄组成；用来滚网纹（图 9—3）。

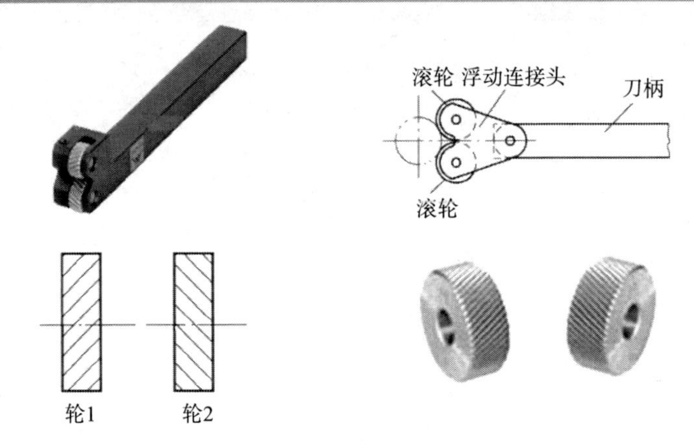


图 9—3　双轮滚花刀

（3）六轮滚花刀：由 3 对不同模数、不同旋向的滚轮，通过浮动连接头与刀柄组成一体；可根据需要滚出 3 种不同模数的网纹，应用较广，如图 9—4 所示。

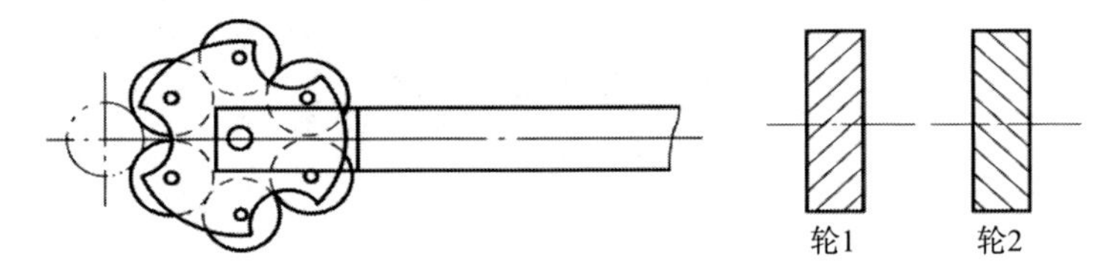


图 9—4　六轮滚花刀

（4）滚花前的车削尺寸：由于滚花时工件表面产生塑性变形，所以在车削滚花外圆时，应根据工件材料的性质和滚花节距的大小，将滚花部位的外圆车小约（0.2～0.5）$t$ 或（0.8～1.7）$m$。其中，$t$ 为节距，$m$ 为模数。

### 9.1.3　滚花的方法

滚花的方法如图 9—5 所示。

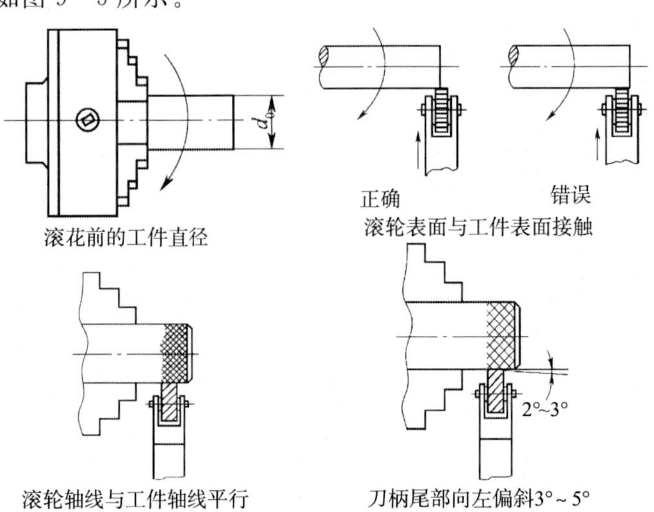


图 9—5　滚花方法图示

### 9.1.4　滚花时的注意事项

（1）滚花时的径向力很大，所用车床的刚度应较高，工件必须装夹牢靠。

（2）滚花前工件的表面粗糙度应为 $Ra12.5\mu m$。

（3）滚花刀装夹在车床方刀架上，滚花刀的装刀（滚轮）中心与工件回转中心等高。

（4）滚花时，应选低的切削速度，一般为 5～10mm/min。纵向进给量选择大些，一般为 0.3～0.6mm/r。

（5）在滚花刀开始滚压时，挤压力要大且猛一些，使工件圆周上一开始就形成较深的花纹，这样就不易产生乱纹。

（6）停车检查花纹符合要求后，即可纵向机动进给。如此循环往复滚压 1～3 次，直至花纹凸出达到要求。

（7）滚花开始就应充分浇注切削液，以润滑滚轮和防止滚轮发热损坏，并经常清除滚压产生的碎屑。

（8）浇注切削液或清除切屑时，应避免毛刷接触工件与滚轮的咬合处，以防毛刷被卷入。

（9）在滚压过程中，绝对不能用手或棉纱去接触滚压表面，以防手指被卷入。

（10）滚压细长工件时，应防止工件弯曲；滚压薄壁工件时，应防止工件变形。

### 9.1.5　任务实施

1. 准备工作

90°车刀、45°车刀、0～150mm 游标卡尺、25～50mm 千分尺、网纹 0.4 的滚花刀。

2. 加工步骤

（1）找正并夹紧工件。

（2）平端面，车 $\phi40_{-0.40}^{-0.32}$mm×20mm。

（3）滚花 $m=0.4$、$P=1.257$（$P=\pi m$）。

（4）检查。

3. 评分标准

按照表 9－1 进行评分。

**表 9－1　评分表**

| 序号 | 考核项目 | 考核内容及要求 | 配分 | 评分标准 | 检测结果 | 得分 |
|---|---|---|---|---|---|---|
| 1 | 外圆 | $\phi40_{-0.40}^{-0.32}$ | 20 | 超差不得分高 | | |
| 3 | | 表面精糙度 $Ra\leqslant3.2\mu m$ | 20 | 不符要求不得分 | | |
| 3 | 滚花 | 网格清晰，无乱纹 | 30 | 不符要求不得分 | | |
| 4 | 长度 | 20mm | 5 | 超差不得分 | | |
| 5 | 倒角 | $C1$ | 5 | 不符要求不得分 | | |

续表

| 序号 | 考核项目 | 考核内容及要求 | 配分 | 评分标准 | 检测结果 | 得分 |
|---|---|---|---|---|---|---|
| 6 | 设备及工量刃具的使用维护 | 工、量、刃具的合理使用与保养 | 10 | 不符合要求酌情扣1～10分 | | |
| 7 | | 操作车床并及时发现一般故障 | | | | |
| 8 | | 车床的润滑 | | | | |
| 9 | | 车床的保养工作 | | | | |
| 10 | 安全与其他 | 正确执行安全技术操作规程 | 10 | 一项不符合要求扣2分，发生较大事故取消考核资格 | | |
| 11 | | 工作服正确穿戴 | | | | |
| 总分 | | | | | | |

### 9.1.6　任务评价与分析

**任务评价表**

班级__________学生姓名__________学号________

| 项目 | 自我评价（分） | | | 小组评价（分） | | | 教师评价（分） | | |
|---|---|---|---|---|---|---|---|---|---|
| | 10～9 | 8～6 | 5～1 | 10～9 | 8～6 | 5～1 | 10～9 | 8～6 | 5～1 |
| | 占总评10% | | | 占总评30% | | | 占总评60% | | |
| 手动进给车外圆和平面 | | | | | | | | | |
| 工作态度 | | | | | | | | | |
| 学习主动性 | | | | | | | | | |
| 纪律观念 | | | | | | | | | |
| 协作精神 | | | | | | | | | |
| 工作质量 | | | | | | | | | |
| 小计 | | | | | | | | | |
| 总评 | | | | | | | | | |

任课教师：　　　　年　月　日

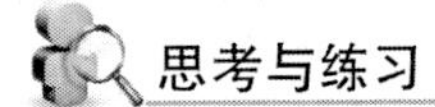


1. 简述滚花的常见方法。

2. 如何确定滚花前工件的直径？

3. 简述滚花的工作要点。

## 9.2　车成形面和表面修光

**学习目标**

1. 让学生掌握常见的常见成形面工制作方法。
2. 让学生掌握工件的表面修饰方法及检测工具的使用。
3. 让学生掌握成形面的精度的保证方法。

### 9.2.1　任务及分析

(1) 明确任务——车橄榄型手柄（图 9—6）。

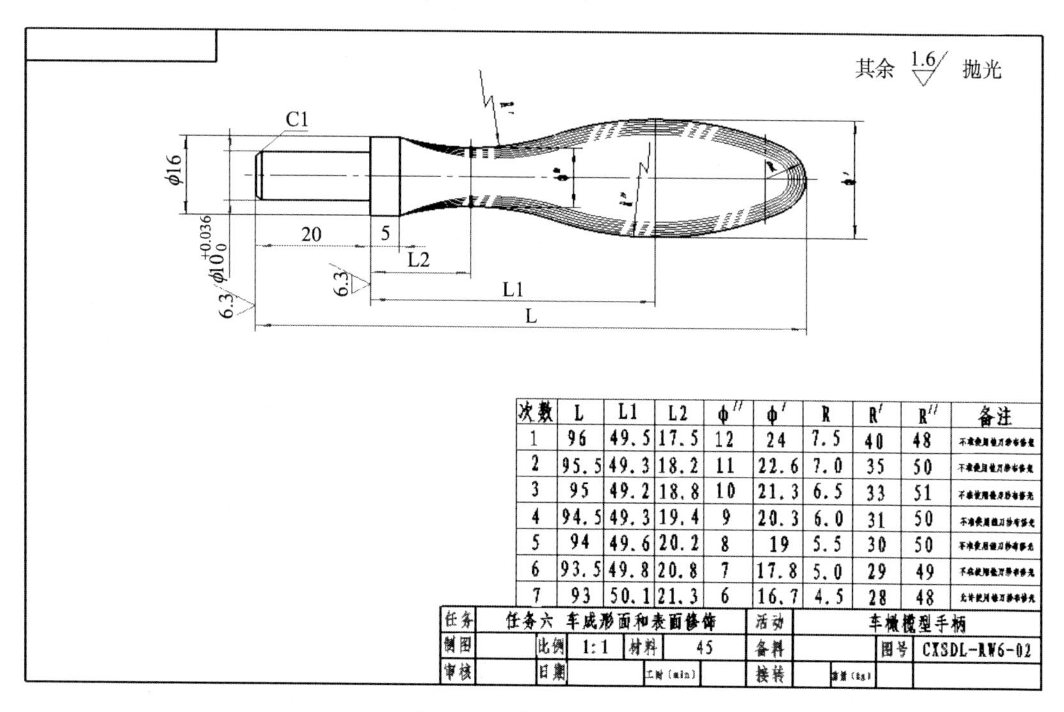


| 次数 | L | L1 | L2 | φ″ | φ′ | R | R′ | R″ | 备注 |
|---|---|---|---|---|---|---|---|---|---|
| 1 | 96 | 49.5 | 17.5 | 12 | 24 | 7.5 | 40 | 48 | 不准使用锉刀砂布修光 |
| 2 | 95.5 | 49.3 | 18.2 | 11 | 22.6 | 7.0 | 35 | 50 | 不准使用锉刀砂布修光 |
| 3 | 95 | 49.2 | 18.8 | 10 | 21.3 | 6.5 | 33 | 51 | 不准使用锉刀砂布修光 |
| 4 | 94.5 | 49.3 | 19.4 | 9 | 20.3 | 6.0 | 31 | 50 | 不准使用锉刀砂布修光 |
| 5 | 94 | 49.6 | 20.2 | 8 | 19 | 5.5 | 30 | 50 | 不准使用锉刀砂布修光 |
| 6 | 93.5 | 49.8 | 20.8 | 7 | 17.8 | 5.0 | 29 | 49 | 不准使用锉刀砂布修光 |
| 7 | 93 | 50.1 | 21.3 | 6 | 16.7 | 4.5 | 28 | 48 | 允许使用锉刀砂布修光 |

图 9—6　车橄榄型手柄

(2) 工艺分析：车橄榄型手柄可以采用双手控制法车成形面的方法来进行加工，目的是通过训练让学生对机床更加熟悉，可以采用一夹一顶的装夹工艺进行车削，按图纸放置的方向进行加工，右端多留出 10mm 作为工艺留量。

### 9.2.2 复习旧课

车刀的类型：90°车刀、75°车刀、45°车刀等；车刀的作用。

### 9.2.3 成形面制作

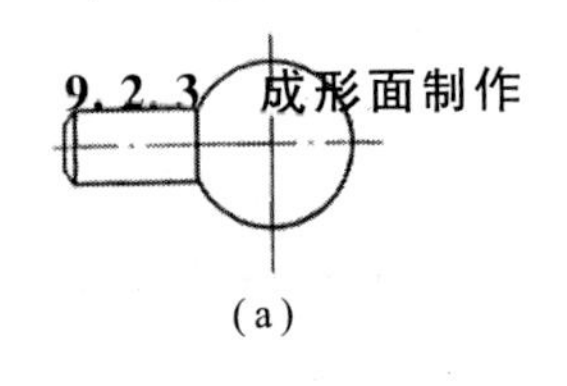

(a)

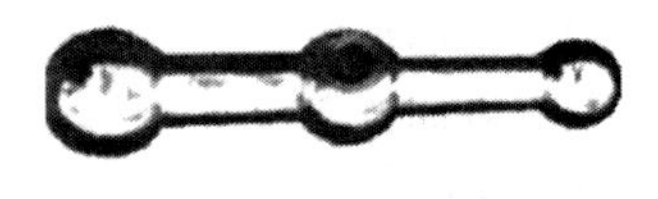

(b)

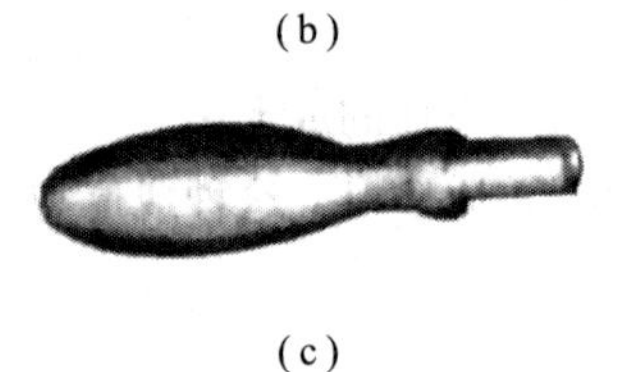

(c)

图 9—7 成形面工件
(a) 单球手柄；(b) 三球手柄；(c) 摇手柄

1. 成形面的概念

表面轴向剖面呈现曲线形特征的这些零件叫成形面。如图（9—7）所示。

下面介绍三种加工成形面的方法。①样板刀车成形面；②用靠模车成形面；③双手控制法车成形面。

2. 样板刀车成形面

概念：车削不规则的成形面或大圆角，圆弧槽或曲面狭窄而变化幅度较大，或数量较多的成形面时，一般用成形刀车削。

（1）整体式普通成形车刀：该成形车刀与普通车刀相似，只是切削形状与成形面的素线相同。

（2）棱形成形车刀：棱形成形刀由刀头和刀杆组成。

（3）圆形成形车刀：圆形成形刀的刀头做成圆棱形，在圆棱上开有缺口，以形成前刀面和主切削刃：如图 9—8 所示。

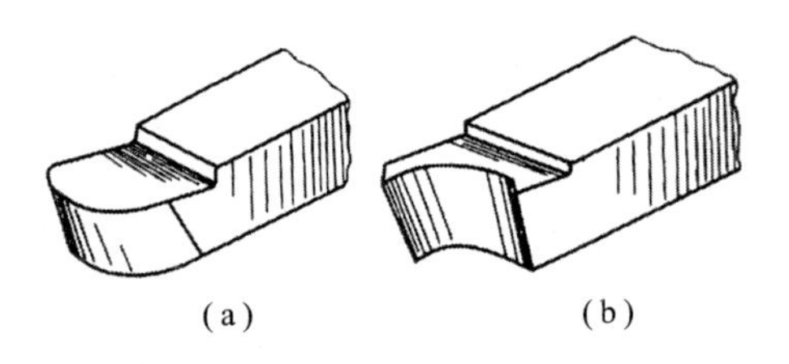

(a) (b)

图 9—8 圆形成形车刀

3. 靠模法车削

在车床上用靠模法车成形面的方法很多，其车削原理，基本上和靠模法车圆锥的方法相似，需事先做一个与工件相同的曲面靠模。利用刚性件连接来达到相同的作用。此外还有靠板靠模车削成形面以及尾座靠模车削成形面。

4. 双手控制法车成形面

单件加工成形面时，通常采用双手控制法车削成形面，即双手同时摇动小滑板手柄和中滑板手柄，并通过双手协调的动作，使刀尖走过的轨迹与所要求的成形面曲线相仿，如图所示。这种操作技术灵活、方便。不需要其它辅助工具，但需要较高的技术水平。多用于单件、小批生产。

小结：单球手柄车削的具体方法，通常采用双手控制法车削成形面，即双手同时摇动小滑板手柄和中滑板手柄，并通过双手协调的动作，使刀尖走过的轨迹与所要求的成形面曲线相仿（图 9—9）。

图 9－9　双手控制法车成形面

### 9.2.4　抛光

1. 抛光的概念

抛光是使用物理机械或化学药品降低物体表面粗糙度的工艺。

2. 用锉刀抛光

修整成形面时，一般使用平锉和半圆锉中的细锉和特细锉。在车床上用锉削时，推锉速度要慢，压力要均匀，缓慢移动前进，否则会把工具锉扁或呈节状，锉削时转速要选择合理，转速太高，容易磨钝锉齿，转速太低，容易把工件锉扁。

3. 砂布抛光

（1）砂布抛光的型号：一般选“0”号或“1”号金刚砂。

（2）抛光方法：抛光的方法一般是将砂布垫在锉刀下进行，这样比较安全，而且抛光的质量也好。成批抛光最好用抛光夹抛光。

（3）用砂布抛光内孔的方法：其抛光方法是选取一根比孔径尺寸的木棒，一端开槽，将砂布撕成条状塞进槽内，以顺时针方向将砂布缠绕在木棒上，然后放进工件孔内进行抛光。其抛光的方法是右手握紧木棒后部，左手握住木棒前端，当工件旋转时，木棒均匀在孔内移动（图 9－10）。

图 9－10　用抛光夹抛光工件

### 9.2.5　研磨

（1）研具材料：研具的材料应当比工件软，常见的研具材料有：灰铸铁、软钢、铜、木材。

（2）研磨剂：研磨剂是磨料、润滑液和辅助材料的混合剂。常用的润滑液有机油、煤油和油脂等。

（3）研磨工具：常用的研磨工具有研套和研棒。

（4）研磨方法：①研磨外圆时，工件用一夹一顶的方式装夹，研孔时用三爪卡盘装夹。②研磨时，被研工件作低速旋转。一般用手扶着研磨的工具做轴向移动，线速度 $v$=10～15m/min。③对高精度、低粗糙度要求的零件的研磨就分为粗研、半精研和精研等几道工序。

### 9.2.6 任务实施

1. 准备工作

圆弧形车刀、活顶尖、切断刀、90°车刀、1 号或 0 号砂布、细齿纹圆锉锉刀、0～150 游标卡尺、圆弧样板等。

2. 加工步骤

（1）平端面钻中心孔，一夹一顶伸出长度为 110mm，粗车各外圆留量。

（2）从 16mm 外圆的台阶面向左量起车定位槽。

（3）先车 $R$40 小圆弧面。

（4）粗车出大圆弧面。

（5）精车大小圆弧面，后抛光。

（6）调头车 $R$6 的圆弧面。

3. 评分标准

按照表 9－2 进行评分。

**表 9－2 评分标准表**

| 序号 | 考核项目 | 考核内容及要求 | 配分 | 评分标准 | 检测结果 | 得分 |
|---|---|---|---|---|---|---|
| 1 | 外圆 | $\phi 10^{+0.036}_{0}$ mm | 10 | 超差不得分 | | |
| 2 | | $\phi$16mm | 1 | 超差不得分 | | |
| 3 | | 表面粗糙度 Ra≤1.6μm（2 处） | 12 | 超差不得分 | | |
| 4 | 成形面 | $\phi$12mm、$\phi$14mm | 12 | 超差不得分 | | |
| 5 | | 曲线尺寸 $R$40，$R$48、$R$6 | 20 | 不符要求不得分 | | |
| 6 | | 表面粗糙度 Ra≤1.6μm | 10 | 不符要求不得分 | | |
| 7 | 长度 | 5mm、20mm、49mm 和 96mm | 7 | 超差不得分 | | |
| 8 | | 表面粗糙度 Ra≤6.3μm（2 处） | 5 | 不符要求不得分 | | |

续表

| 序号 | 考核项目 | 考核内容及要求 | 配分 | 评分标准 | 检测结果 | 得分 |
|---|---|---|---|---|---|---|
| 9 | 倒角 | C1 两处 | 3 | 不符要求不得分 | | |
| 10 | 设备及工量刃具的使用维护 | 工、量、刃具的合理使用与保养 | 10 | 不符合要求酌情扣1～10分 | | |
| 11 | | 操作车床并及时发现一般故障 | | | | |
| 12 | | 车床的润滑 | | | | |
| 13 | | 车床的保养工作 | | | | |
| 14 | 安全与其他 | 正确执行安全技术操作规程 | 10 | 一项不符合要求扣2分，发生较大事故取消考核资格 | | |
| 15 | | 工作服正确穿戴 | | | | |
| 总分 | | | | | | |

**9.2.7　任务评价与分析**

**任务评价表**

班级__________学生姓名__________学号________

| 项目 | 自我评价（分） | | | 小组评价（分） | | | 教师评价（分） | | |
|---|---|---|---|---|---|---|---|---|---|
| | 10～9 | 8～6 | 5～1 | 10～9 | 8～6 | 5～1 | 10～9 | 8～6 | 5～1 |
| | 占总评 10% | | | 占总评 30% | | | 占总评 60% | | |
| 车橄榄型手柄 | | | | | | | | | |
| 工作态度 | | | | | | | | | |
| 学习主动性 | | | | | | | | | |
| 纪律观念 | | | | | | | | | |
| 协作精神 | | | | | | | | | |
| 工作质量 | | | | | | | | | |
| 小计 | | | | | | | | | |
| 总评 | | | | | | | | | |

任课教师：　　　　年　月　日

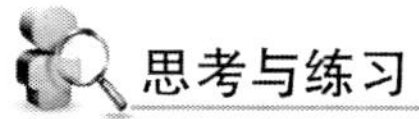


1. 简述三种加工成形面的方法。

2. 双手控制法车成形面的主要特点是什么？

# 任务十　车偏心工件

学习目标

1. 能按照车间安全防护规定穿戴劳保用品，执行安全操作规程，牢固树立正确的安全文明操作意识。
2. 能通过教师讲解、查阅资料，掌握车削偏心工件的多种方法。
3. 准确区分偏心工件、偏心轴、偏心套、偏心距。
4. 确定在三爪自定心卡盘上车偏心工件时的垫片厚度。
5. 熟练的在三、四爪卡盘上车偏心工件。
6. 具备在三爪、四爪卡盘及V形架上检测偏心距的技能。
7. 能按车床的安全操作规程操作机床，并做好日常维护保养。
8. 能主动学习，善于总结与反思。
9. 能与他人合作，进行有效的沟通，有团队合作的精神。

## 10.1　在三爪自定心卡盘上车偏心工件

学习目标

1. 准确区分偏心工件、偏心轴、偏心套、偏心距。
2. 会算在三爪自定心卡盘上车偏心工件时的垫片厚度。
3. 掌握在三爪自定心卡盘上垫垫片车偏心工件的方法。
4. 掌握偏心距的检查方法。

### 10.1.1　任务及分析

1. 明确任务

明确任务——车削偏心轴（图10－1）。

2. 工艺分析

此图样是接用双手控制法车单球手柄，故只需车偏心轴即可。

（1）单件生产，长度较短，且偏心距较小（$e \leqslant 6$mm）的偏心工件，可以选择在三爪卡盘上增加一块垫片，使工件产生偏心来车削。

（2）加工中要注意 $\phi$40mm 与 $\phi26_{-0.052}^{0}$mm 外圆轴线相互平行，有（2±0.02）mm 的偏心距要求。

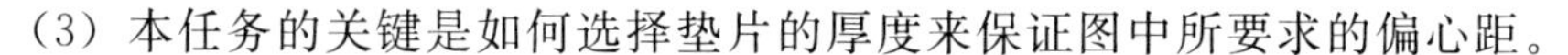

（3）本任务的关键是如何选择垫片的厚度来保证图中所要求的偏心距。

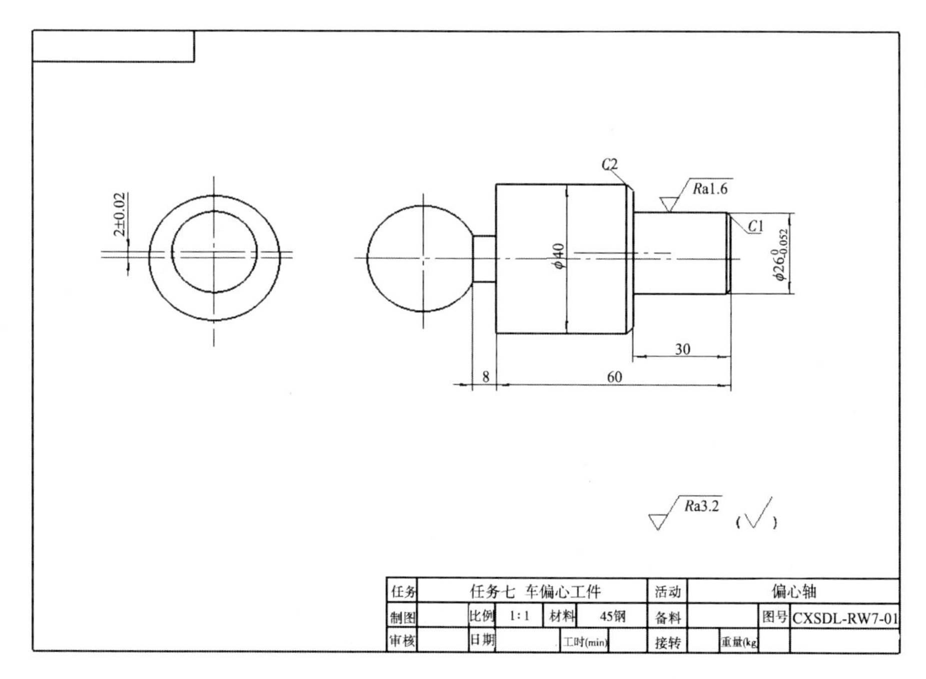


图 10－1　车削偏心轴

### 10.1.2　相关理论

在机械传动中，一般多采用曲柄滑块（连杆）机构来实现运动形式的转换，使回转运动转变为往复直线运动或使往复直线运动转变为回转运动，偏心轴、曲柄、曲轴等零件都是偏心工件的实例。偏心轴、偏心套一般都在车床上加工。

外圆与外圆或外圆与内孔的轴线相互平行但不相重合的工件称为偏心工件。外圆与外圆偏心的工件称偏心轴（外圆轴向尺寸较小时也称偏心盘），外圆与内孔偏心的工件称偏心套，如图 10－2 所示。两平行轴线间的距离称为偏心距 $e$。

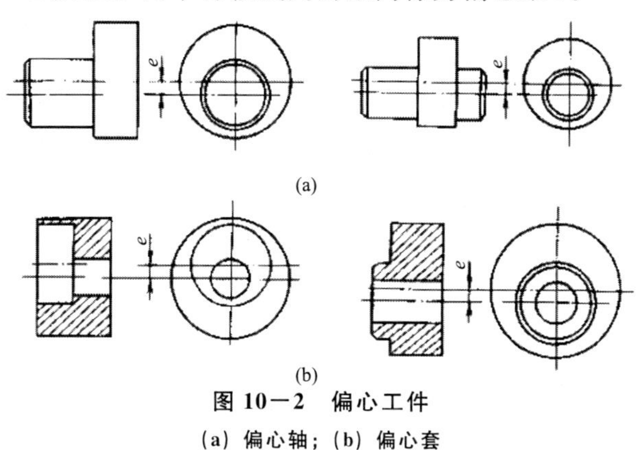


图 10－2　偏心工件

（a）偏心轴；（b）偏心套

车削偏心的基本原理是：把所要加工偏心部分的轴线找正到与车床主轴轴线重合，但应根据工件的数量、形状、偏心距的大小和精度要求相应地采用不同的装夹方法。

1. 在三爪自定心卡盘上车偏心工件

长度较短，且偏心距较小（$e \leqslant 6$mm）的偏心工件，也可以在三爪自定心卡盘的一个卡爪上增加一块垫片，使工件产生偏心来车削，如图 10－3 所示。垫片的厚度可以用近似公式（10－1）～公式（10－3）计算：

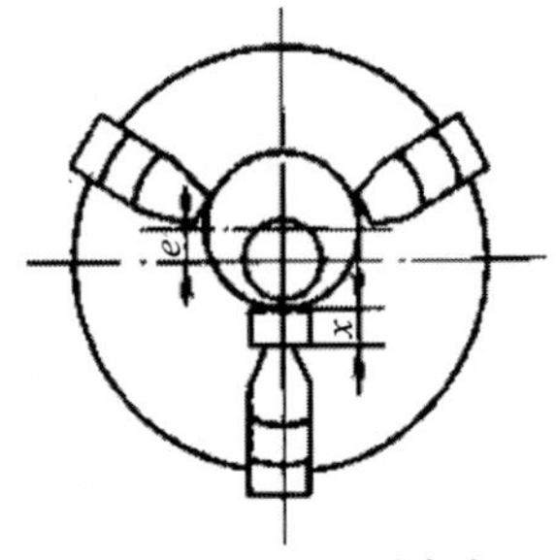

图 10－3　三爪卡盘车偏心工件

$$\chi = 1.5e + k \tag{10-1}$$

$$\kappa \approx 1.5\Delta e \tag{10-2}$$

$$\Delta e = e - e_{测} \tag{10-3}$$

式中，$\chi$ 为垫片厚度，mm；$e$ 为工件偏心距，mm；$\kappa$ 为偏心距修正值，正负值应按实测结果确定，mm；$\Delta e$ 为试切后实测偏心距误差，mm；$e_{测}$ 为试切后的实测偏心距，mm。

【例 10—1】用三爪自定心卡盘装夹车削偏心距 $e=2$mm 的偏心工件，试确定垫片厚度。

解：先不考虑修正值，按近似公式 10—1 计算垫片厚度 $\chi$。

$$\chi = 1.5e = 1.5 \times 2\text{mm} = 3\text{mm}$$

垫片厚度为 3mm 的垫片，进行试切削，然后检查其实际偏心距，如测得 2.04mm，则其偏心距误差 De＝$e$－$e$ 测＝2mm－2.04mm＝－0.04mm。

$$k \times 1.5e = 1.5 \times (-0.04)\ \text{mm} = -0.06\text{mm}$$

由于实测偏心距大于工件要求的偏心距，所以垫片厚度应减去修正值，垫片厚度的正确值为

$$c = 1.5e + k = 1.5 \times 2\text{mm} + (-0.06)\ \text{mm} = 2.94\text{mm}$$

2. 偏心工件的检测

（1）在 V 形架上检测偏心距：无中心孔或长度较短、偏心距 $e < 5$mm 的偏心工件，可在 V 形架上检测偏心距，如图 10－4 所示。检测时，将工件基准圆柱置放在 V 形架上，百分表测量杆触头垂直基准轴线接触在工件偏心部位，均匀缓慢转动工件一周，百分表指示最大值与最小值之差的一半，即为偏心距。

图 10－4　在 V 形架上检测偏心距

（2）在两顶尖间检测偏心距：两端有中心孔、偏心距较小、不易放在 V 形架上测量的偏心轴类工件，可以在两顶尖间检测偏心距，如图 10－5 所示。检测时，将百分表测量杆触头垂直轴线接触在偏心部位，用手均匀、缓慢转动工件一周，百分表指示的最大值与最小值之差的一半即为偏心距。

将偏心套套在心轴上，在用两顶尖支撑，可用同样的方法，检测偏心套工件的偏

心距。

（3）在V形架上间接测量偏心距：将V形架置于测量平板上，工件放在V形架中，转动工件，用百分表找出工件偏心外圆柱的最高点，将工件固定，然后使可调量规平面调整到与偏心外圆柱最高点等高。再按下式计算出偏心外圆柱到基准外圆柱之间的最小距离 $a$（图10—6）：

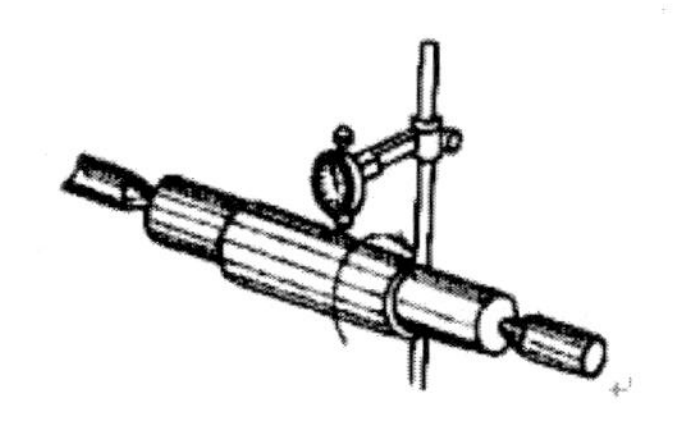

图10—5　在两顶尖间检测偏心距

$$a=\frac{D}{2}-\frac{d}{2}-e \qquad (10-4)$$

式中，$a$ 为偏心外圆柱到基准外圆柱之间的最小距离，mm；$D$ 为基准外圆柱的实测直径尺寸，mm；$d$ 为偏心外圆柱的实测直径尺寸，mm；$e$ 为偏心距，mm。

选择一组量块，组成尺寸 $a$，将量块组置于可调量规平面上，水平移动百分表分别测量基准外圆柱最高点（读数A）和量块组上表面（读数B），比较读数差值，是否在偏心距误差允许范围内，以判定此偏心工件的偏心距是否满足要求。

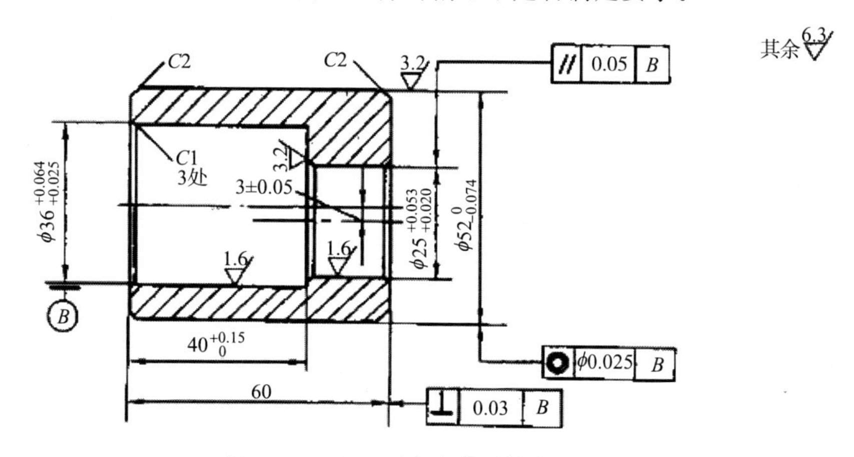


图10—6　在V形架上检测较大的偏心距

1-偏心工件；2-量块；3-可调量规平面；4-可调量规；5-V形架

### 10.1.3　任务实施

1．准备工作

准备：磁力表座、百分表、0～150游标卡尺、25～50千分尺、90°偏刀、45°车刀。

2．加工步骤

（1）工件在三爪卡盘上垫垫片装夹，伸出长度为40mm，垫片厚度为3mm，用百分表测偏心校正并夹紧。

（2）粗、精车外圆尺寸至 $\phi26_{-0.052}^{\ 0}$ mm，长度保证30mm。

（3）外圆倒角C1。

（4）检查。

注意事项：

（1）应选择具有足够硬度的材料做垫片，以防装夹时发生挤压变形。垫片与卡爪接触的一面应做成与卡爪圆弧相匹配的圆弧面，否则垫片与卡爪之间会产生间隙，造成偏心距误差。

（2）装夹工件时，工件轴线不能歪斜，以免影响加工质量。为保证偏心轴两轴线平行，装夹时应用百分表校正工件外圆，检查外圆侧素线与车床主轴轴线是否平行。

（3）由于工件偏心，在开车前车刀不能靠近工件，以防工件碰撞车刀。

（4）车偏心工件时，建议采用高速钢车刀车削。

在三爪自定心卡盘上装夹车偏心工件一般适用于加工精度要求不高，偏心距 $e \leqslant$ 6mm 的短偏心工件。

为了保证偏心零件的工作精度，在车削偏心工件时，应特别注意控制轴线间的平行度和偏心距的精度。

3．评分标准

参照表10－1进行评分。

**表10－1　评分标准表**

| 序号 | 考核项目 | 考核内容及要求 | 配分 | 评分标准 | 检测结果 | 得分 |
|---|---|---|---|---|---|---|
| 1 | 外圆 | $\phi 26_{-0.052}^{0}$ | 20 | 超差不得分 | | |
| 2 | | $\phi 40$ | 5 | 超差不得分 | | |
| 3 | 偏心距 | （2±0.02）mm | 20 | 超差不得分 | | |
| 4 | 外圆表面粗糙度 | $Ra \leqslant 1.6\mu m$ | 10 | 不符合要求不得分 | | |
| 5 | 长度尺寸 | 30mm | 10 | 超差不得分 | | |
| 6 | 倒角 | $C1$ | 10 | 超差不得分 | | |
| 7 | 工具、设备的使用与维护 | 正确使用 | 10 | 不符合要求不得分 | | |
| 8 | 安全文明生产 | 操作正确，动作规范 | 15 | 不符合要求不得分 | | |
| 总分 | | | | | | |

### 10.1.4　任务评价与分析

任务评价表

班级＿＿＿＿＿＿＿学生姓名＿＿＿＿＿＿学号＿＿＿＿

| 项目 | 自我评价（分） | | | 小组评价（分） | | | 教师评价（分） | | |
|---|---|---|---|---|---|---|---|---|---|
| | 10～9 | 8～6 | 5～1 | 10～9 | 8～6 | 5～1 | 10～9 | 8～6 | 5～1 |
| | 占总评10% | | | 占总评30% | | | 占总评60% | | |
| 手动进给车外圆和平面 | | | | | | | | | |
| 工作态度 | | | | | | | | | |
| 学习主动性 | | | | | | | | | |
| 纪律观念 | | | | | | | | | |
| 协作精神 | | | | | | | | | |
| 工作质量 | | | | | | | | | |
| 小计 | | | | | | | | | |
| 总评 | | | | | | | | | |

### 思考与练习

1. 什么是偏心工件、偏心轴、偏心套、偏心距？

2. 如何计算三爪自定心卡盘上车偏心工件时的垫片厚度？

3. 简述偏心距的检查方法。

## 10.2 在四爪单动卡盘上车偏心工件

**学习目标**

1. 对偏心工件进行划线。
2. 具备在四爪单动卡盘上用划线盘和百分表找正偏心工件的能力。
3. 熟练地在四爪单动卡盘上车偏心工件。

### 10.2.1 任务及分析

1. 明确任务

明确任务——在四爪单动卡盘上车偏心套。

材料：45 钢 $\phi$55mm×75mm 1 件。

2. 工艺分析

(1) 工件为一偏心套，其基准是 $\phi 36^{+0.064}_{+0.025}$mm，深度为 $40^{+0.15}_{0}$mm 的台阶孔，8 级精度（F8），表面粗糙度 $R_a$ 值为 1.6$\mu$m。

(2) 工件外圆为 $\phi 52^{0}_{-0.074}$mm，长 60mm 的光轴，9 级精度（H9），表面粗糙度 $R_a$ 值为 3.2$\mu$m，外圆对基准孔的同轴度允差为 $\phi$0.025mm。右端面对基准孔轴线的垂直度允差为 0.03mm。

(3) 偏心孔 $\phi 25^{+0.025}_{+0.020}$mm，8 级精度（F8），表面粗糙度值为 1.6$\mu$m，对基准孔的偏心距 $e=$ (3±0.05) mm，两孔轴线的平行度允差为 0.05mm。

为保证外圆与基准孔同轴，且外圆表面光整无接刀（用作划线基准），应设置工艺凸台，使外圆与基准孔在一次装夹（用三爪自定心卡盘）中加工完成。

偏心孔加工采用四爪单动卡盘装夹，由于偏心距精度要求较高，拟采用百分表校正。

### 10.2.2 按划线校正偏心工件位置

数量少、偏心距小、长度较短、不便于两顶尖装夹或形状比较复杂的偏心工件，可以用四爪单动卡盘装夹车削一装夹工件时，必须根据坯件上已划好的线校正工件，使偏心圆柱的轴线与车床主轴轴线重合，并校正工件外圆侧素线与车床主轴轴线是否平行。

(1) 调整卡盘卡爪的位置，使其中两爪呈对称位置，另两爪呈不对称位置，其偏离主轴中心距离大致等于工件的偏心距。各对卡爪之间张开的距离稍大于工件装夹部位的直径，使工件偏心圆柱的轴线基本处于卡盘中央，然后装夹上工件，如图 10−7 所示。

(2) 将划线盘置于中滑板（或床鞍）上适当位置，使划针尖端对准工件外圆上的侧素线（图 10−8），移动床鞍，检查侧素线是否水平，若不呈水平，可用木锤轻轻敲击进行校正。然后将卡盘（工件）转动 90°，用同样的方法检查和校正侧素线。

（3）将划针尖端对准工件端面上的偏心圆线，扳转卡盘，校正偏心圆，如图 10－9 所示。

（4）重复（2）、（3）校正，直至使两条侧素线均呈水平（基准圆轴线与偏心圆轴线平行），使偏心圆轴线与车床主轴轴线重合为止。

（5）将四个卡爪成对均匀地拧紧一遍，并检查确认侧素线和偏心圆线在紧固卡爪时没有位移。

由于存在划线误差和校正误差，按划线校正偏心工件位置的方法仅适用于加工精度要求不高的偏心工件。

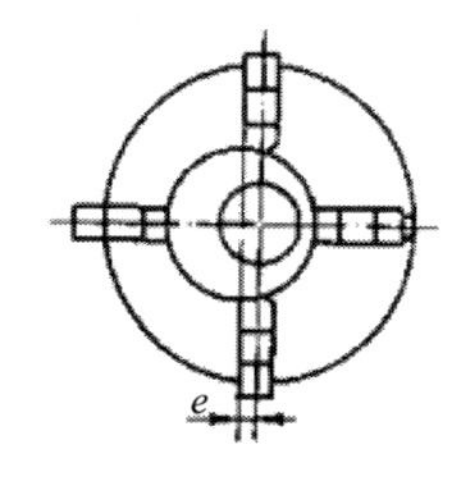


10－7 用四爪单动卡盘装夹偏心工件

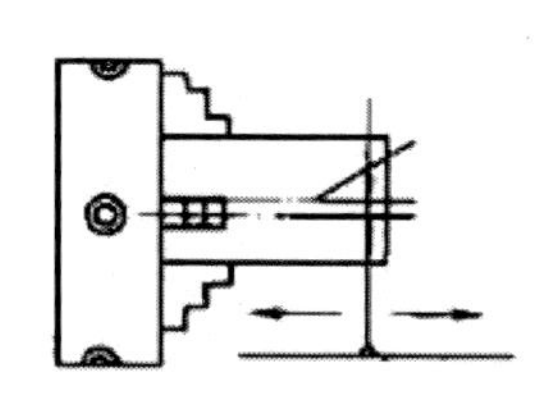

图 10－8 校正侧素线

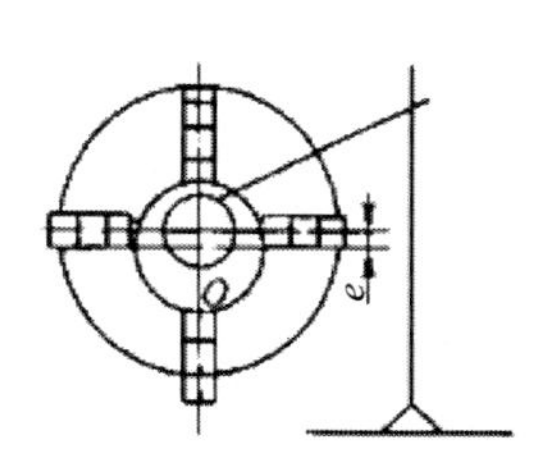


图 10－9 校正偏心圆

### 10.2.3 用百分表校正

（1）先按划线初步校正工件。

（2）用百分表校正，使偏心圆轴线与车床主轴轴线重合，如图 10－10 所示。校正 $a$ 点处用卡爪调整，校正 $b$ 点处用木锤轻敲。

（3）移动床鞍，用百分表在 6 两点处交替测量，校正工件侧素线，使偏心工件两轴线平行，一般百分表在两端读数差值应控制在 0.02mm 以内（或根据零件精度要求）。

（4）将百分表测量杆垂直基准轴（光轴），使触头接触外圆表面并压缩 0.5～1mm，用手缓慢转动卡盘 1 周，校正偏心距。百分表在工件转过一周中读数最大值与最小值之差的一半即为偏心距。$a$、$b$ 两点处偏心距应基本一致，并在图样允许误差范围内。反复调整，直至校正为止。

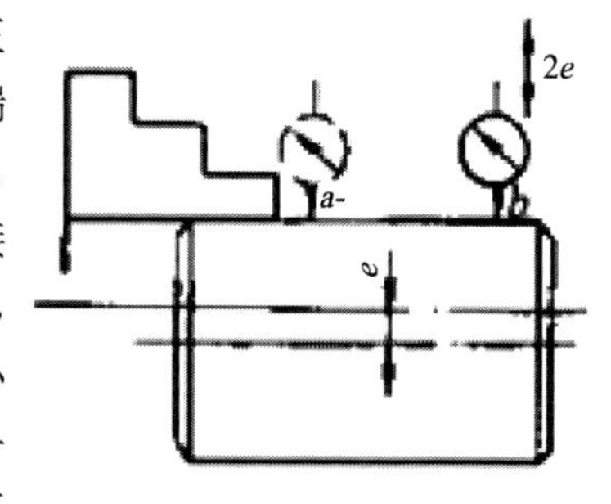


图 10－10 用百分表校正偏心工件

### 10.2.4 任务实施

1. 准备工作

准备：磁力表座、百分表、0～150 游标卡尺、25～50 千分尺、90°偏刀、45°车刀内径百分表、盲孔车刀、铜片等。

2. 加工步骤

（1）用三爪自定心卡盘夹持毛坯外圆，校正并夹紧；车平端面，车工艺凸台

$\phi$45mm，长 10mm，表面粗糙度 $Ra$ 值为 6.3$\mu$m。

（2）调头夹持 $\phi$45mm 外圆，校正并夹紧。

（3）车平端面，粗、精车外圆至尺寸 $\phi 52_{-0.074}^{\ 0}$ mm，长 61mm，表面粗糙度 $Ra$ 值为 32mm，倒角 $C2$。

（4）钻孔 $\phi$34mm，深 39mm。

（5）粗、精车内孔至 $\phi 36_{+0.025}^{+0.064}$ mm，深 $40_{\ 0}^{+0.15}$ mm，表面粗糙度 $Ra$ 值为 1.6$\mu$m，孔口倒角 $C1$。

（6）工件调头夹持（垫铜片），校正并夹紧，切去工艺凸台，车端面，保证总长 60mm，倒角 $C2$。

（7）划线，并在偏心圆上打样冲眼。

（8）垫铜片，用四爪单动卡盘夹持工件 $\phi 52_{-0.074}^{\ 0}$ mm 外圆柱面。

1）用划线盘划针按端面上所划偏心圆初步校正。

2）用百分表精确校正、夹紧工件，保证偏心距。

（9）钻通孔 $\phi$23mm。

（10）粗、精车内孔至 $\phi 25_{+0.020}^{+0.053}$ mm，表面粗糙度 $Ra$ 值为 1.6$\mu$m。

（11）孔口倒角 $C1$（两处）。

（12）检查。

注意事项：

（1）在划线上打样冲眼时，必须打在线上或交点上，一般打四个样冲眼即可。操作时要认真、仔细、准确，否则容易造成偏心距误差。

（2）平板、划线盘底面要平整、清洁，否则容易产生划线误差。

（3）划针要经过热处理使划针头部的硬度达到要求，尖端磨成 15°～20°的锥角，头部要保持尖锐，使划出的线条清晰、准确。

（4）工件装夹后，为了检查划线误差，用百分表在外圆上测量，缓慢转动工件，观察其跳动量是否为 8mm。

3. 评分标准

参照表 10－2 进行评分。

**表 10－2　评分标准**

| 序号 | 考核项目 | 考核内容及要求 | 配分 | 评分标准 | 检测结果 | 得分 |
|---|---|---|---|---|---|---|
| 1 | 外圆 | $\phi 52_{-0.074}^{\ 0}$ mm | 6 | 超差不得分 | | |
| 2 | | $Ra \leqslant 3.2\mu m$ | 5 | 不符合要求不得分 | | |

续表

| 序号 | 考核项目 | 考核内容及要求 | 配分 | 评分标准 | 检测结果 | 得分 |
|---|---|---|---|---|---|---|
| 3 | 内孔 | $\phi36^{+0.054}_{+0.025}$ mm | 6 | 超差不得分 | | |
| 4 | | $\phi25^{+0.053}_{+0.020}$ mm | 6 | 超差不得分 | | |
| 5 | | $Ra\leqslant1.6\mu m$（2 处） | 5×2 | 不符要求不得分 | | |
| 6 | 偏心距 | （3±0.05）mm | 15 | 超差不得分 | | |
| 7 | 长度 | $40^{+0.15}_{0}$ mm | 3 | 超差不得分 | | |
| 8 | | 60mm | 3 | 超差不得分 | | |
| 9 | | $Ra\leqslant6.3\mu m$（3 处） | 3×3 | 不符要求不得分 | | |
| 10 | 同轴度公差 | ◎ \| φ0.025 \| B | 6 | 超差不得分 | | |
| 11 | 平行度公差 | // \| 0.05 \| B | 6 | 超差不得分 | | |
| 12 | 垂直度公差 | ⊥ \| 0.03 \| B | 6 | 超差不得分 | | |
| 13 | 倒角 | C1（3 处） | 6 | 不符要求不得分 | | |
| 14 | | C2（2 处） | 4 | 不符要求不得分 | | |
| 15 | 工具、设备使用 | | 4 | 不符要求不得分 | | |
| 16 | | | | | | |
| 17 | 安全文明生产 | | 5 | 不符要求不得分 | | |
| 18 | | | | | | |
| 总分 | | | | | | |

### 10.2.5 任务评价与分析

任务评价表

班级__________学生姓名__________学号________

| 项目 | 自我评价（分） | | | 小组评价（分） | | | 教师评价（分） | | |
|---|---|---|---|---|---|---|---|---|---|
| | 10～9 | 8～6 | 5～1 | 10～9 | 8～6 | 5～1 | 10～9 | 8～6 | 5～1 |
| | 占总评 10% | | | 占总评 30% | | | 占总评 60% | | |
| 在四爪单动卡盘上车偏心套 | | | | | | | | | |
| 工作态度 | | | | | | | | | |
| 学习主动性 | | | | | | | | | |
| 纪律观念 | | | | | | | | | |
| 协作精神 | | | | | | | | | |
| 工作质量 | | | | | | | | | |
| 小计 | | | | | | | | | |
| 总评 | | | | | | | | | |

任课教师：　　　　年　月　日

## 思考与练习

1. 简述划线校正偏心工件位置。

2. 如何用百分表校正工件。

3. 简述偏心距的找正和检查方法。

## 10.3　在两顶尖上车偏心工件

**学习目标**

1. 掌握钻偏心中心孔的方法。
2. 具备用两顶尖装夹车偏心工件的技能。
3. 具备在V形架上测量偏心距的技能。

### 10.3.1　任务及分析

1. 明确任务

明确任务——在两顶尖上车偏心工件（图10－11）。

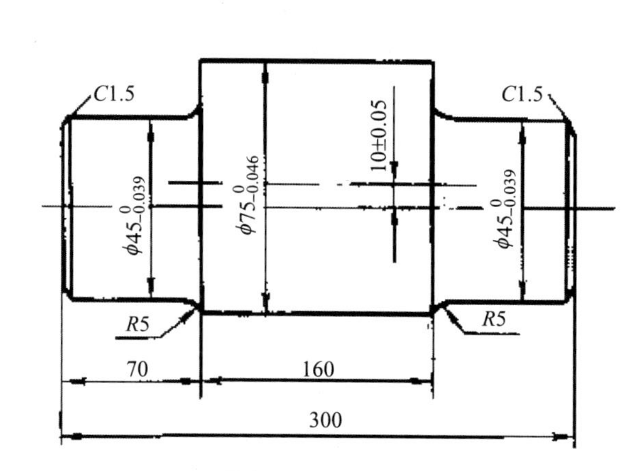


材料：45钢 $\phi$85mm×305mm 1件

**图10－11　在两顶尖上车偏心工件**

2. 工艺分析

（1）用两偏心的中心孔定位装夹工件车削偏心圆柱，与在两顶尖间车削一般外圆柱方法相似，主要的差别是车削偏心圆柱时，在工件一转中加工余量变化很大，且是断续切削，因此，会产生较大的冲击和振动。

（2）用两顶尖装夹车偏心工件，不需要用很多的时间去校正工件的偏心位置。

（3）用两顶尖装夹车偏心工件，关键是要保证基准圆柱中心孔和偏心圆柱中心孔的钻孔位置精度，否则偏心距精度将无法保证。

### 10.3.2　相关理论

较长的偏心轴，只要两端能钻中心孔，且有装夹鸡心夹头的位置，都可以用两顶尖装夹进行车削，如图10－12所示。

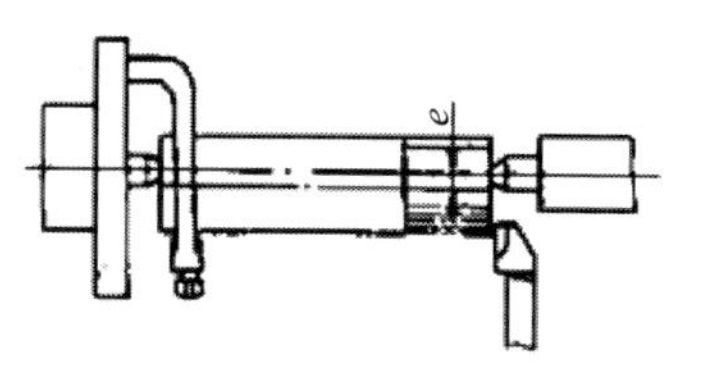


**图10－12 用两顶尖车偏心工件**

（1）单件、小批量生产肘：①精度要求不高的偏心轴，其偏心中心孔可经划线后在钻床上钻出。②偏心距精度较高时，其偏心中心孔可在坐标镗床上钻出。

（2）成批生产时：偏心中心孔可在专门的中心孔钻床或偏心夹具上钻出。

（3）偏心距较小的偏心轴，偏心中小孔与基准中心孔可能部分重叠干涉，此时可将工件长度加长两个中心孔深度，车削时先用两基准中心孔装夹车成光轴，然后切去基准中心孔至工件长度再划线，钻偏心中心孔，车削偏心圆柱。

### 10.3.3 任务实施

1. 准备工作

准备：磁力表座、百分表、0～150 游标卡尺、25～50 千分尺、50～75 千分尺、90°偏刀、45°车刀中心钻、前顶尖、后顶尖、鸡心夹头、划针、样冲等加工步骤。

2. 加工步骤

（1）粗车光轴至 $\phi$80mm，长 300mm。

（2）在光轴两端面划基准轴线和偏心轴线，并打样冲眼。

（3）在坐标镗床上钻基准圆柱中心孔和偏心圆柱中心孔。

（4）用两顶尖支顶基准圆柱中心孔装夹工件，粗车两端基准圆柱至 $\phi$47mm，各长 65mm。

（5）用两顶尖支顶偏心圆柱中心孔装夹工件，粗车偏心圆柱面至 $\phi$77mm。

（6）支顶基准中心孔装夹工件，精车两端外圆柱面至 $\phi 45_{-0.039}^{0}$ mm，表面粗糙度 $Ra$ 值为 3.2$\mu$m，保证 $R5$ 过渡圆弧，倒角 $C1.5$。

（7）支顶偏心中心孔装夹工件，精车偏心外圆柱面至 $\phi 75_{-0.046}^{0}$ mm，表面粗糙度 Ra 值为 3.2$\mu$m。

以两个 $\phi_{-0.039}^{0}$ mm 圆柱的公共轴线为基准轴线，$\phi 75_{-0.046}^{0}$ mm 圆柱轴线为偏心轴线。

顶尖与中心孔的接触松紧程度要适当，且在其间经常加注润滑油，以减少彼此磨损

3. 评分标准

以表 10－3 为标准进行评分。

**表 10－3 评分标准表**

| 序号 | 考核项目 | 考核内容及要求 | 配分 | 评分标准 | 检测结果 | 得分 |
|---|---|---|---|---|---|---|
| 1 | 外 圆 | $\phi 75_{-0.064}^{0}$ rmn | 6 | 超差不得分 | | |
| 2 | | $\phi 45_{-0.039}^{0}$ mm | 12 | 超差不得分 | | |
| 3 | | $Ra \leqslant 3.2\mu$m（3 处） | 15 | 不符要求不得分 | | |
| 4 | 长 度 | 300mm | 4 | 超差不得分 | | |
| 5 | | 160mm | 4 | 超差不得分 | | |
| 6 | | 70mm | 4 | 超差不得分 | | |
| 7 | | $Ra \leqslant 3.2\mu$m（4 处） | 12 | 不符要求不得分 | | |

续表

| 序号 | 考 核 项 目 | 考核内容及要求 | 配分 | 评 分 标 准 | 检测结果 | 得分 |
|---|---|---|---|---|---|---|
| 8 | 偏心距 | (10±0.05) mm | 15 | 超差不得分 | | |
| 9 | 倒角 | $C1.5$mm（两处） | 6 | 不符要求不得分 | | |
| 10 | 过渡圆弧 | $R5$mm（两处） | 8 | 不符要求不得分 | | |
| 11 | 工具设备使用维护 | | 6 | 不符要求不得分 | | |
| 12 | 安全文明生产 | | 8 | 不符要求不得分 | | |
| 总分 | | | | | | |

### 10.3.4　任务评价与分析

**任务评价表**

班级＿＿＿＿＿＿学生姓名＿＿＿＿＿＿学号＿＿＿＿

| 项目 | 自我评价（分） | | | 小组评价（分） | | | 教师评价（分） | | |
|---|---|---|---|---|---|---|---|---|---|
| | 10～9 | 8～6 | 5～1 | 10～9 | 8～6 | 5～1 | 10～9 | 8～6 | 5～1 |
| | 占总评 10% | | | 占总评 30% | | | 占总评 60% | | |
| 手动进给车外圆和平面 | | | | | | | | | |
| 工作态度 | | | | | | | | | |
| 学习主动性 | | | | | | | | | |
| 纪律观念 | | | | | | | | | |
| 协作精神 | | | | | | | | | |
| 工作质量 | | | | | | | | | |
| 小计 | | | | | | | | | |
| 总评 | | | | | | | | | |

任课教师：　　　　年　月　日

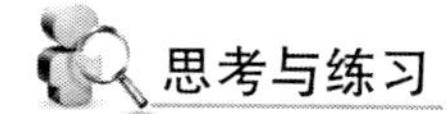


1. 简述钻偏心中心孔的方法。

2. 简述用两顶尖装夹车偏心工件。

3. 怎样在V形架上测量偏心距？

# 任务十一　综合训练及考试

学习目标

1. 能按照车间安全防护规定穿戴劳保用品，执行安全操作规程，牢固树立正确的安全文明操作意识。
2. 掌握复杂组合件的加工方法。
3. 能对复杂组合件进行工艺分析、加工和组装，并保证装配达到图样上的技术要求。
4. 能按车床的安全操作规程操作机床，并做好日常维护保养。
5. 能主动学习，善于总结与反思。
6. 能与他人合作，进行有效的沟通，有团队合作的精神。

## 11.1　车组合件

学习目标

1. 掌握车削组合工件的关键技术。
2. 能制定组合工件的加工工艺方案。
3. 能分析和解决组合工件加工中产生的质量问题。
4. 能车削四件以上的组合工件。

### 11.1.1 明确任务及考核内容

1. 明确任务——车四件端面槽组合体

考件图样如图 11－1 所示。

2. 准备要件

(1) 卡件材料为 45 热轧圆钢，锯断尺寸为 $\phi$50mm × 55mm 一根，$\phi$40mm × 95 一根。

(2) 钻孔用切削液。

(3) 相关工、量、刃具的准备。

3. 考核内容

1）考核要求

（1）考件的各尺寸精度、形位精度、表面粗糙度达到图样规定要求；四件组合后应达到装配图样规定尺寸（$\phi67_{-0.6}^{-0.2}$）mm、间隙0.1～0.3mm。

（2）不准使用砂布、磨石等辅助打光考件加工表面。

（3）螺纹 $M20\times1.5$-8g、$M20\times1.5$-8H 不准使用板牙和丝锥套、攻螺纹。

（4）未注公差尺寸极限偏差按IT14加工：孔 $\phi28_{0}^{+0.052}$ mm、$\phi24_{0}^{+0.052}$ mm 不准使用铰刀加工考件图样严重不符的，应扣去该考件的全部配分。

2）时间定额5h（不含考前准备时间）

提前完工不加分，超时间定额20min扣5分；超40min扣10分；超40min以上，则应停止考试。

3）安全文明生产

（1）正确执行安全技术操作规程。

（2）按企业有关规定，做到工作地整洁，工件、刃具、工量具摆放整齐。

配分如下：组合件占20%、套占30%　压圈占15%、轴占15%、螺母占20%。

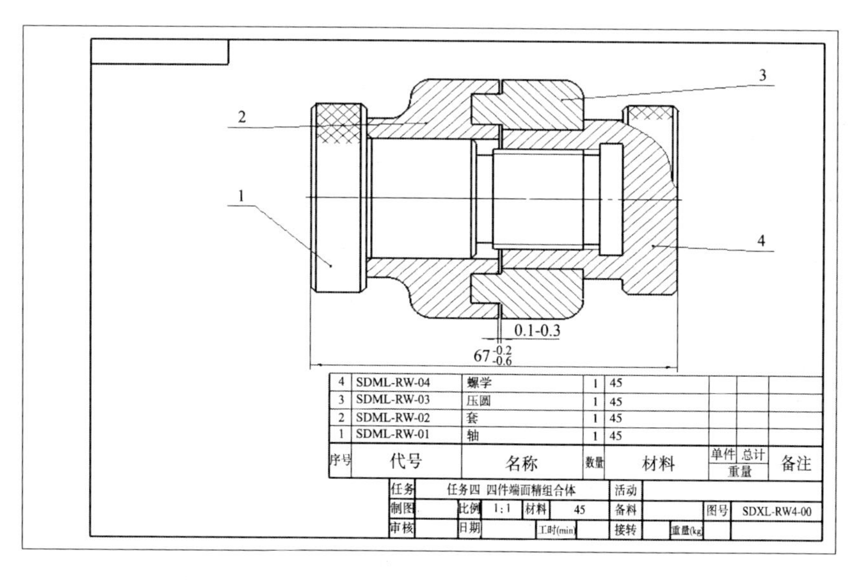


（a）

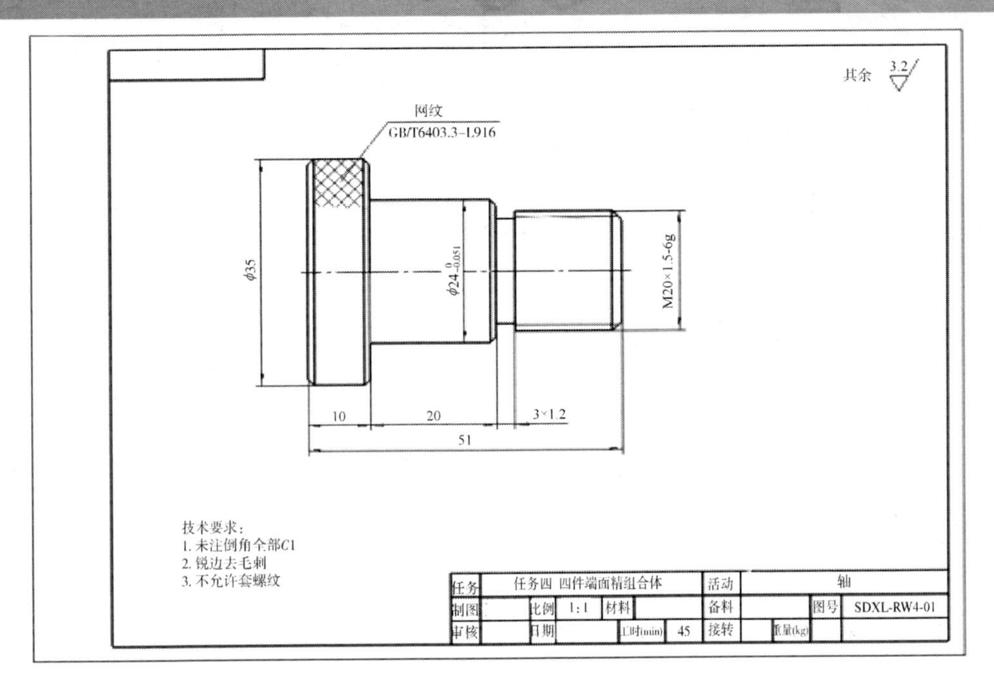
其余 3.2
网纹
GB/T6403.3-L916
φ35
φ24$^{0}_{-0.051}$
M20×1.5-6g
10
20
3×1.2
51
技术要求：
1. 未注倒角全部C1
2. 锐边去毛刺
3. 不允许套螺纹
任务
任务四 四件端面精组合体
活动
轴
制图
比例
1:1
材料
备料
图号
SDXL-RW4-01
审核
日期
工时(min)
45
接转
重量(kg)

(b)

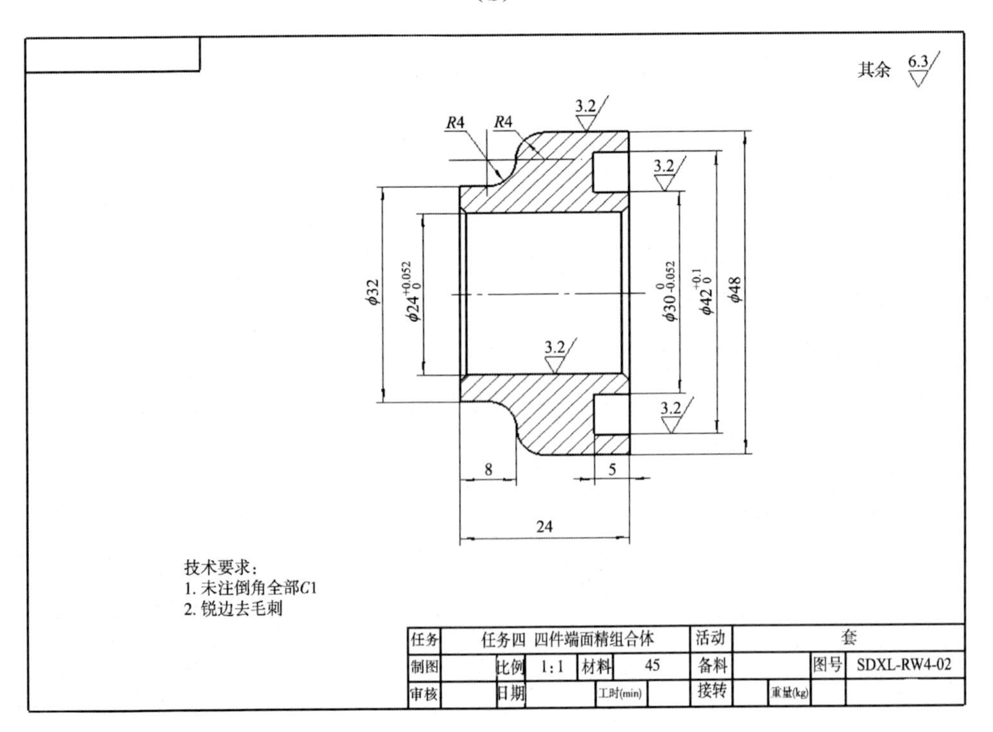
其余 6.3
R4
R4
3.2
3.2
3.2
3.2
φ32
φ24$^{+0.052}_{0}$
φ30$^{0}_{-0.052}$
φ42$^{+0.1}_{0}$
φ48
8
5
24
技术要求：
1. 未注倒角全部C1
2. 锐边去毛刺
任务
任务四 四件端面精组合体
活动
套
制图
比例
1:1
材料
45
备料
图号
SDXL-RW4-02
审核
日期
工时(min)
接转
重量(kg)

(c)

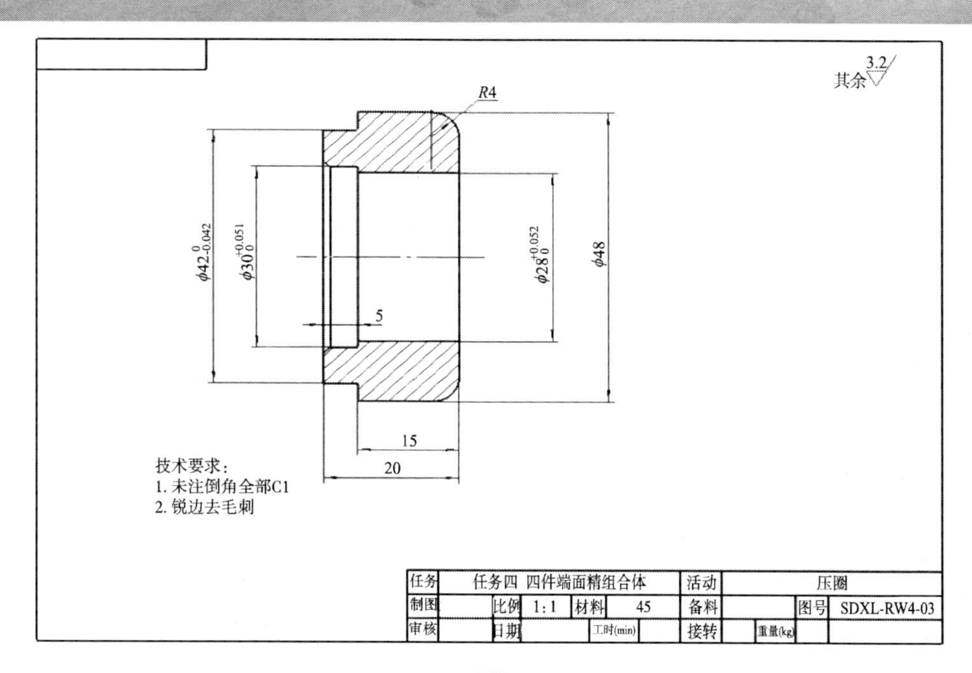


（d）

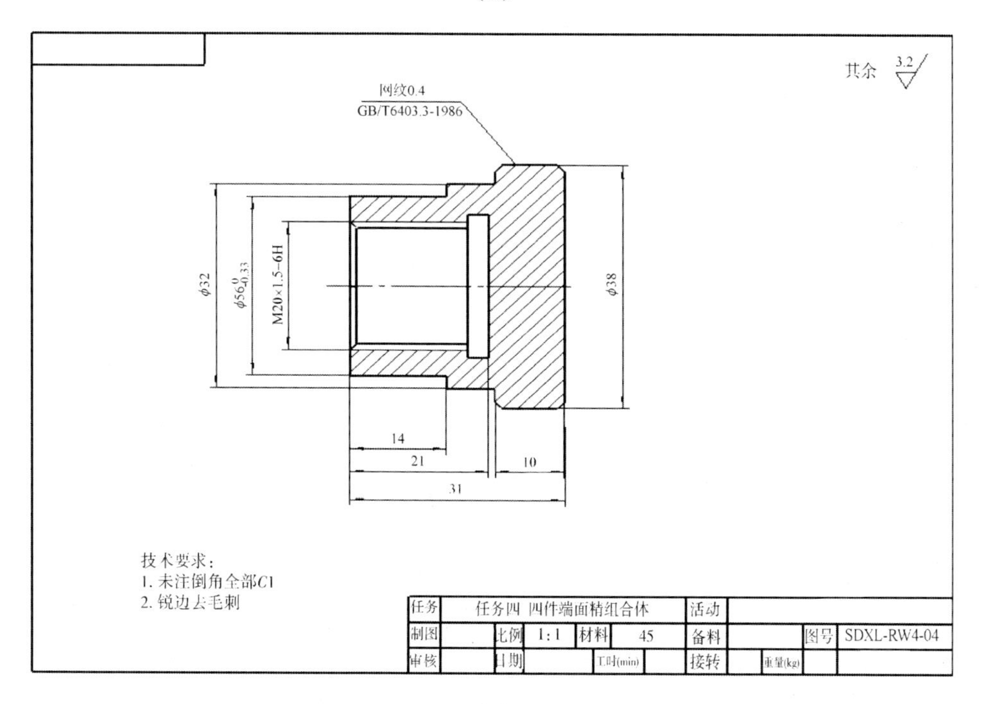


（e）

**图 11－1　考件图样**

### 11.1.2　相关理论

组合件就是指由两个或两个以上不同的零件经车削加工后，按图样组合（装配），达到一定要求的组件。组合件的件数可多可少，组合件的组合程度可复杂可简单；组合件中的关键零件——基准零件对加工精度的影响尤为突出。所以，在制定组合件的加工工艺方案和进行组合件的车削加工时，应注意以下几个方面：

（1）仔细消化和分析组合件的装配关系，确定基准零件，也就是直接影响组合件装配后零件间相互位置精度的主要零件。

（2）组合件加工时，应先车削基准零件，然后根据装配关系的顺序依次车削组合件的其余零件。在车削其余零件时，一方面按基准件车削的要求进行，另一方面更应按已加工的基准零件及其他零件的实测结果进行相应调整，充分使用配车、组合加工等手段以保证组合件的装配精度要求。

（3）根据各个零件技术要求的结构特点，以及组合件装配的技术要求，分别拟定各个零件的加工方案及各主要表面（各基准表面）的加工次序（粗车、半精车、精车的加工选择）和加工顺序。

### 11.1.3 任务实施

参照表11－1～表11－5进行评分。

**表11－1 组合件评分标准** （占20%）

| 序号 | 考核项目 | 考核内容及要求 | 配分 | 评分标准 | 检测结果 | 得分 |
| --- | --- | --- | --- | --- | --- | --- |
| 1 | 配合后长度 | $67^{-0.2}_{-0.6}$mm | 5 | 超差不得分 | | |
| 2 | 配合后间隙 | 0.1～0.3mm | 5 | 超差不得分 | | |
| 11 | 设备及工量刃具的使用维护 | 工、量、刃具的合理使用与保养 | 5 | 不符合要求酌情扣1～10分 | | |
| 12 | | 操作车床并及时发现一般故障 | | | | |
| 13 | | | | | | |
| 14 | | 车床的润滑 | | | | |
| | | 车床的保养工作 | | | | |
| 15 | 安全与其他 | 正确执行安全技术操作规程 | 5 | 一项不符合要求扣2分，发生较大事故取消考核资格 | | |
| 16 | | 工作服正确穿戴 | | | | |
| 完成时间 | | | 超时酌情扣分 | | | |

表 11－2　套评分标准（占 30%）

| 序号 | 考核项目 | 考核内容及要求 | 配分 | 评分标准 | 检测结果 | 得分 |
|---|---|---|---|---|---|---|
| 1 | 外圆 | $\phi$48mm | 2 | 超差不得分 | | |
| 2 | | $\phi 30_{-0.052}^{0}$ mm | 5 | 超差不得分 | | |
| 3 | | $\phi$32mm | 2 | 超差不得分 | | |
| 4 | | 表面粗糙度 $Ra \leqslant 3.2$mm（2 处） | 3 | 不符要求不得分 | | |
| 5 | 内孔 | $\phi 42_{0}^{+0.1}$ mm | 5 | 超差不得分 | | |
| 6 | | $\phi 24_{0}^{+0.052}$ | 5 | 超差不得分 | | |
| 7 | | 表面粗糙度 $Ra \leqslant 3.2\mu$m（1 处） | 1 | 不符要求不得分 | | |
| 8 | 长度 | 5mm、8mm、24mm | 3 | 超差不得分 | | |
| 9 | 圆弧 | $R_4$（2 处） | 4 | 不符要求不得分 | | |
| 总分 | | | | | | |

表 11－3　压圈评分标准（占 15%）

| 序号 | 考核项目 | 考核内容及要求 | 配分 | 评分标准 | 检测结果 | 得分 |
|---|---|---|---|---|---|---|
| 1 | 外圆 | $\phi$48mm | 2 | 超差不得分 | | |
| 2 | | $\phi 42_{-0.062}^{0}$ | 3 | 超差不得分 | | |
| 3 | 内孔 | $\phi 28_{0}^{+0.052}$ mm | 3 | 超差不得分 | | |
| 4 | | $\phi 30_{0}^{+0.048}$ | 2 | 超差不得分 | | |
| 5 | 长度 | 5mm、15mm、20mm | 3 | 超差不得分 | | |
| 6 | 圆弧 | $R_4$ | 1 | 不符要求不得分 | | |
| 7 | 倒角 | $C1$（2 处） | 1 | 不符要求不得分 | | |
| 总分 | | | | | | |

表 11－4　轴评分标准（占 15%）

| 序号 | 考核项目 | 考核内容及要求 | 配分 | 评分标准 | 检测结果 | 得分 |
|---|---|---|---|---|---|---|
| 1 | 外圆 | $\phi$38mm | 1 | 超差不得分 | | |
| 2 | | $\phi 24_{-0.033}^{0}$ mm | 2 | 超差不得分 | | |
| 3 | 长度 | 10mm、20mm、50mm | 3 | 超差不得分 | | |
| 4 | 槽 | 3×1.2 | 1 | 超差不得分 | | |
| 5 | 螺纹 | $M$20×1.5 | 4 | 超差不得分 | | |
| 6 | 滚花 | 网纹 $m$0.4 | 2 | 不符要求不得分 | | |
| 7 | 倒角 | $C$1（4 处） | 2 | 不符要求不得分 | | |
| 总分 | | | | | | |

表 11－5　螺母评分标准（占 20%）

| 序号 | 考核项目 | 考核内容及要求 | 配分 | 评分标准 | 检测结果 | 得分 |
|---|---|---|---|---|---|---|
| 1 | 外圆 | $\phi$38mm | 1 | 超差不得分 | | |
| 2 | | $\phi$32mm | 1 | 超差不得分 | | |
| 3 | | $\phi 28_{-0.033}^{0}$ mm | 3 | 超差不得分 | | |
| 4 | | 表面粗糙度 $Ra \leqslant 3.2\mu m$（3 处） | 3 | 不符要求不得分 | | |
| 5 | 长度 | 14mm、21mm、32mm、10mm | 2 | 超差不得分 | | |
| 6 | 螺纹 | $M$20×1.5 | 5 | 超差不得分 | | |
| 7 | 滚花 | 网纹 $m$0.4 | 3 | 不符要求不得分 | | |
| 8 | 倒角 | $C$1（4 处） | 2 | 不符要求不得分 | | |
| 总分 | | | | | | |

### 11.1.4　任务评价与分析

任务评价表

班级＿＿＿＿＿＿学生姓名＿＿＿＿＿＿学号＿＿＿＿

| 项目 | 自我评价（分） | | | 小组评价（分） | | | 教师评价（分） | | |
|---|---|---|---|---|---|---|---|---|---|
| | 10～9 | 8～6 | 5～1 | 10～9 | 8～6 | 5～1 | 10～9 | 8～6 | 5～1 |
| | 占总评 10% | | | 占总评 30% | | | 占总评 60% | | |
| 车组合件 | | | | | | | | | |
| 工作态度 | | | | | | | | | |
| 学习主动性 | | | | | | | | | |
| 纪律观念 | | | | | | | | | |
| 协作精神 | | | | | | | | | |
| 工作质量 | | | | | | | | | |
| 小计 | | | | | | | | | |
| 总评 | | | | | | | | | |

任课教师：　　　　年　月　日

### 思考与练习

1. 如何确定基准工件？

2. 怎样才能保证组合装配尺寸？

3. 通过组合件的加工，你对于车削加工的感悟有哪些？

4. 通过车工操作你的技能还有哪些地方有待提高？

5. 通过车工训练你建立起“崇尚一技之长，不唯学历，凭能力”的信心了吗？

## 11.2 技能考试

1. 明确任务

明确任务——阶梯轴，完成考试（图 11－2）。

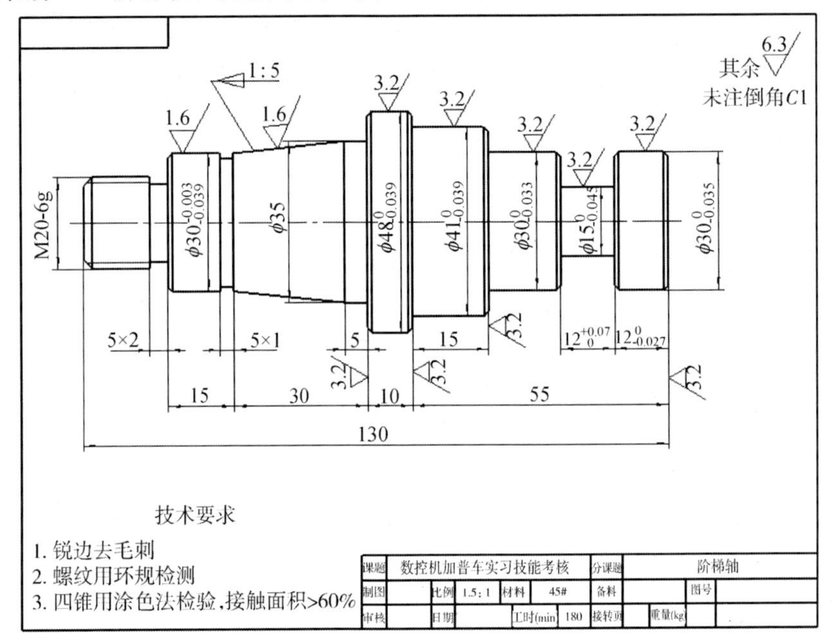


评分表

普车实习技能考核要求：

(1) 考核内容 各尺寸公差、表面粗糙度达到图样规定要求；不准使用砂布、油石等打光加工表面。

(2) 安全文明生产

正确执行国家颁布的安全生产法规有关规定或企业自定的有关文明生产规定，做到工作场地整洁，工件、夹具、刀具、工具、量具放置合理、整齐。

| 项目 | 序号 | 检测内容 | 占分 | 评分标准 | 实测 | 得分 |
|---|---|---|---|---|---|---|
| 外圈 | 1 | $\phi48^{0}_{-0.039}$ | 5 | 超差不得分 | | |
| | 2 | $\phi41^{0}_{-0.039}$ | 5 | 超差不得分 | | |
| | 3 | $\phi30$[illegible]、$\phi30$[illegible] | 10 | 超差不得分 | | |
| | 4 | 锥面1.5 | 10 | 锥度规检测超差不得分 | | |
| | 5 | 表面粗糙度 1.6▽ | 8 | 2处每降低一级扣3分 | | |
| | 6 | 表面粗糙度 3.2▽ | 8 | 4处每降低一级扣2分 | | |
| 螺纹 | 7 | M20-6g | 10 | 环规检测超差不得分 | | |
| 矩形 | 1 | $\phi15^{0}_{-0.043}$ | 8 | 超差不得分 | | |
| | 2 | $12^{+0.07}_{0}$ | 6 | 超差不得分 | | |
| | 3 | 表面粗糙度 | 4 | [illegible] | | |
| 长度尺寸 | 1 | $12^{0}_{-0.027}$；5×2；5×1 | 6 | 超差不得分 | | |
| | 2 | 10±0.2 | 2 | 超差不得分 | | |
| | 3 | 其余尺寸 | 6 | 6处按未生公差要求加工超差不得分 | | |
| 其它 | 1 | 倒角启处 | 8 | 一处未倒扣1分 | | |
| | 2 | 端面粗糙度4处(?) | 4 | 每降低一级扣1分 | | |
| | 3 | 安全文明生产 | | 违反操作规程酌量扣分，发生事故取消成绩(?) | | |
| 合计 | | | | | | |
| 考试时间 | | 年 月 日 开始： 时 分 结束 时 分 | | | | |
| 考生姓名 | | 考号 年级 专业 | | | | |
| 监考人 | | | 检验人 | | | |

| 课题 | 数控机加普车实习技能考核 | | | 分课题 | 阶梯轴评分表 | | |
|---|---|---|---|---|---|---|---|
| 制图 | 比例 | 1:1 | 材料 | 备料 | | 图号 | |
| 审核 | 日期 | | 工时(min) | 接转页 | | 重量(kg) | |

**图 11－2 阶梯轴**

**2. 任务评价与分析**

**任务评价表**

班级______学生姓名______学号____

<table>
<tr><td rowspan="3">项　　目</td><td colspan="3">自我评价（分）</td><td colspan="3">小组评价（分）</td><td colspan="3">教师评价（分）</td></tr>
<tr><td>10～9</td><td>8～6</td><td>5～1</td><td>10～9</td><td>8～6</td><td>5～1</td><td>10～9</td><td>8～6</td><td>5～1</td></tr>
<tr><td colspan="3">占总评 10%</td><td colspan="3">占总评 30%</td><td colspan="3">占总评 60%</td></tr>
<tr><td>阶梯轴</td><td></td><td></td><td></td><td></td><td></td><td></td><td></td><td></td><td></td></tr>
<tr><td>工作态度</td><td></td><td></td><td></td><td></td><td></td><td></td><td></td><td></td><td></td></tr>
<tr><td>学习主动性</td><td></td><td></td><td></td><td></td><td></td><td></td><td></td><td></td><td></td></tr>
<tr><td>纪律观念</td><td></td><td></td><td></td><td></td><td></td><td></td><td></td><td></td><td></td></tr>
<tr><td>协作精神</td><td></td><td></td><td></td><td></td><td></td><td></td><td></td><td></td><td></td></tr>
<tr><td>工作质量</td><td></td><td></td><td></td><td></td><td></td><td></td><td></td><td></td><td></td></tr>
<tr><td>小计</td><td colspan="3"></td><td colspan="3"></td><td colspan="3"></td></tr>
<tr><td>总评</td><td colspan="9"></td></tr>
</table>

任课教师：　　　　年　月　日